Herbarien

Danksagung
Herbarien sind ein Forschungsthema, das beständig neue Entdeckungen ermöglicht. Aus diesem Grund möchte ich mich bei all jenen bedanken, die mir im Laufe der Jahre wunderbare Exemplare dieses Genres zur Kenntnis gebracht haben, von denen sich ein Teil auch in dieser Publikation findet. Auch wenn einige davon nicht in diesen Band aufgenommen werden konnten, waren sie allesamt schöne und erkenntnisreiche Überraschungen. Mein besonderer Dank gilt Donata und Nicoletta Tchou, Alessandro Rabottini, Angela Rui und vor allem Carla Casu, durch die die ikonografische Recherche für mich zu einer der schönsten Aufgaben wurde.

Lektorat und Satz: Juliane Steinbrecher

Übersetzung: Alexandra Titze-Grabec

Grafische Gestaltung: Studio FM Milano

Schrift: Happy Times, MinionPro, Simplon BP Mono, SolideMirage, Times New Roman

Projektmanagement: Lydia Fuchs

Papier: JTF, 140 g/m²

Druck und Bindung: Leo Paper

Erschienen im Hatje Cantz Verlag GmbH
Mommsenstraße 27
10629 Berlin
www.hatjecantz.de
Ein Unternehmen der Ganske Verlagsgruppe

ISBN: 978-3-7757-5850-5

Printed in China

Domitilla Dardi

Herbarien

Pflanzensammlungen, botanische Fiktionen und Florilegien

HATJE CANTZ

INHALT

6 Herbarien

Pflanzentaxonomie

Die Welt der Herbarien ist einzigartig, bunt und oft unerwartet. Sie ist deshalb so ungewöhnlich, weil sich hinter dem Ordnungssinn – eine Neigung zur Taxonomie des Wissens von der Natur, das die Kulturgeschichte seit Jahrhunderten begleitet – die ästhetische Vorstellungskraft des einzelnen Verfassers entfaltet: Denn jedes Herbarium ist ein Projekt.

Die Worte von Georges Perec (der sich mit Klassifizierung auskannte) haben in Bezug auf Pflanzensammlungen ihre Gültigkeit, da auch jedes Herbarium einem doppelten Bedürfnis entspringt, das häufig auch der doppelten Manie entspricht, bestimmte Dinge (Pflanzen) aufzubewahren und sie auf eine bestimmte Art und Weise zu ordnen.[1] Was das Ganze jedoch so komplex und unglaublich faszinierend macht, das ist die Tatsache, dass sich dazu noch zwei weitere Bedürfnisse/Manien gesellen: jene, nicht-existente Pflanzen zu erfinden und jene, diese mit unterschiedlichsten Techniken zu inventarisieren. Mit dem Hinzufügen dieser beiden Komponenten treten wir schließlich in die Sphäre der »modernen« Herbarien ein, die sich durch einen besonderen Aspekt auszeichnen, der entweder botanischer oder grafischer Natur sein kann, oder die eine typische Technik oder ein spezielles Medium aufweisen. Wie wir darüber hinaus sehen werden, hat ihre moderne Anmutung nichts mit Datierung oder Chronologie zu tun: Moderne Herbarien gab und gibt es sowohl im Mittelalter als auch heutzutage.

Eine Präzisierung ist hier also Pflicht. Die vorliegende Publikation bietet keine Geschichte der Herbarien, auch wenn sie zahlreiche Exemplare vorstellt und innerhalb der Kategorien in chronologischer Reihenfolge wiedergibt. Vielmehr handelt es sich eigentlich um ein Herbarium der Herbarien. Oder besser noch, um einen Spaziergang durch die Herbarien, bei dem die schönsten Exemplare hinsichtlich ihres Erfindungsreichtums gesammelt werden. Auch wir haben nach einer Ordnung gesucht, obwohl Perec uns erklärt: »Es ist so verführerisch, die ganze Welt nach einem einzigen Code aufteilen zu wollen [...] Leider funktioniert das nicht, es hat nicht einmal zu funktionieren angefangen, es wird nie funktionieren«.[2] Und doch können wir nicht widerstehen.

[1] »Jede Bibliothek entspricht einem doppelten Bedürfnis, das häufig auch eine doppelte Manie ist; die Manie, bestimmte Dinge [Bücher] aufzubewahren, und die Manie, sie auf eine bestimmte Art und Weise zu ordnen.« Georges Perec, *Denken/Ordnen*, dt. von von Eugen Helmlé, Zürich 2014, S.29.

[2] Ebd., S. 145

Ordnung schaffen in der Natur

Die grundlegende Frage lautet: Woher kommt das Verlangen, Pflanzen zu ordnen? Mit Sicherheit entspringt es einem grundlegenden Bedürfnis, die Natur zu beherrschen und sie, fast wie eine Trophäe für die Vorherrschaft der Vernunft, in die menschliche und häusliche Sphäre zu integrieren. Die ersten Behausungen, Höhlen und Hütten, manifestierten insofern den ersten Bruch zwischen der Welt der Natur und dem Bereich des Menschen. Das häusliche Lebensumfeld ist ein sicherer Raum, den der Mensch sich schafft, um sich vor einer immer unwegsameren und feindlicheren Natur zu schützen. Deshalb findet sich seit jeher die Erinnerung an die Natur in dekorativer Ausstattung: In Form von Mustern auf Tapisserien und Teppichen, in Zimmerpflanzen in Töpfen und Blumen in Vasen, in Zeichnungen auf Keramik. Parallel dazu entwickelten sich die Bücher und Sammlungen von Kräutern, Gewächsen und Blumen. Diese nahmen oftmals die Form tatsächlicher Tagebücher an, die Begleiter waren auf Exkursionen von Literatinnen und Literaten wie Jean-Jacques Rousseau, Emily Dickinson oder Architekten wie Charles Rennie Mackintosh.

In anderen Fällen handelte es sich um medizinische Dokumentationen, eine Möglichkeit, um der Nachwelt die Erkenntnisse über die Heilkraft von Pflanzen weiterzugeben. Denn obgleich sich Herbarien sogar bis zu den alten Ägyptern zurückverfolgen lassen, beginnt das Verhältnis zwischen beschreibendem Text, der die Eigenschaften der Pflanzen veranschaulicht, und Abbild, das dem Wiedererkennen und der Klassifizierung dient, bereits mit der medizinischen Botanik, deren wichtigster Vertreter das Herbarium des Dioskurides, Arzt im 1. Jahrhundert n. Ch., war (S. 76–77). Es handelt sich um ein Manuskript, das mehr als 500 Pflanzen umfasste und im Original wohl ausschließlich aus Beschreibungen ohne Abbildungen bestand, die erst in spätere Abschriften eingefügt wurden.

Alraune-Frau aus: Johannes de Cuba, ***Hortus Sanitatis***, Mainz 1491. Die Tafel, ein kolorierter Holzschnitt, stammt aus einer Ausgabe, die 1498 in Paris veröffentlicht wurde.

Folgende Seiten
Herba Antollas Lupanas aus: Orgione Rizzardo, ***Liber Herbarius una cum rationibus conficiendi medicamenta***, 14. Jahrhundert Vicenza, Biblioteca Civica Bertoliana, Ms. 320

Alraune-Ernte aus: ***Tacuinum Sanitatis***, 15. Jahrhundert Paris, Bibliothèque nationale de France, Ms. Lat. 9333

Neben den beschreibenden, medizinischen und wissenschaftlichen Herbarien, mit oder ohne Illustrationen, entwickelten sich die sogenannten *Horti Sicci*, die »trockenen Gärten«, die sich von den *Horti Vivi*, also den botanischen Gärten, unterschieden.

Die Idee dahinter war, dass die in den lebenden botanischen Gärten kultivierten Pflanzen eine Entsprechung in getrockneter Form zwischen den Seiten eines Buches haben sollten; dieses konnte dann aufgrund seiner Natur auch eine Klassifizierung und eine detaillierte Beschreibung enthalten.

Nachweise für *Horti Sicci* finden sich ab dem 16. Jahrhundert, als sich neue Fertigkeiten im Bereich der Klassifizierung untrennbar mit der Suche nach der Ästhetik von Pflanzen verbanden. »Meine Werke werden mit Abbildungen gedruckt, denn ohne Abbildungen wäre es eine Eitelkeit«, bestätigt der Naturforscher, Botaniker und Entomologe Ulisse Aldrovandi in einem Brief von 1577 – ihm verdanken wir eines der bedeutendsten botanischen Traktate aller Zeiten (S. 26–27). Tatsächlich übersteigt in seinem Traktat der Aspekt der Ästhetik das Bedürfnis der Klassifizierung, die im 18. Jahrhundert mit dem schwedischen Botaniker Carl von Linné ihren Meister finden sollte. Dieser schuf ein System der Taxonomie mit binärer Nomenklatur (für Gattungen und Arten), das noch heute in Verwendung ist. Doch zurück zum italienischen Botaniker der Renaissance und zur Be-

Herba antolla lupanas
Si quis pateret malu lupe Accipe de ista herba et
emplastret sup malu lupe per spaciu viginti quinque
dieru curat malu lupe vel alia pessima mala
et est pbatu vere Item si qua femina esset cui sanguis curreret
inferius bibat de succo istius herbe p spaciu dece dieru
ieiuno stomacho subito curatur Nascit in alpibus frigidis
et obscurissimis

Gherardo Cibo
Paintings of flora of the Roman States, 1564–1584
London, British Library, Ms. 22333

deutung des visuellen Aspekts seines Traktats. Für die begleitenden Tafeln beauftragte er mit Jacopo Ligozzi, Giovanni Neri und Cornelio Schwindt die wichtigsten Illustratoren ihrer Zeit. Diese schufen 18 Bände mit Tafeln von Pflanzen, Blumen, Früchten und Tieren, und damit die bis dahin wohl vollständigste Natursammlung der Spätrenaissance. Parallel dazu erfolgte zudem die Gründung des botanischen Gartens von Bologna, einem der ältesten der modernen Welt.

Für uns noch viel interessanter ist jedoch, dass Aldrovandi nebenbei auch ein *Erbario alchemico* verfasste, ein Manuskript aus 26 Blättern, auf denen die Pflanzen nicht unbedingt realistisch, sondern eher surreal dargestellt sind. Dieses alchemistische Herbarium entsprach eher dem medizinischen Volksglauben als den Erkenntnissen der damaligen Wissenschaft und zeugt von der Existenz paralleler Herbarien, die neben offiziellen wissenschaftlichen Abhandlungen Bestand hatten, nämlich den Fantasie-Herbarien, die auf Gerüchten und Aberglauben basierten, aber zugleich die sprichwörtlich blühende Fantasie erkennen ließen, die Pflanzen immer schon bei bildenden und schreibenden Künstlerinnen und Künstlern auslösten.

Die Erfindung der Pflanzen

Im Jahr 1912 fand der Antiquar Wilfrid M. Voynich in der Jesuiten-Bibliothek der Villa Mondragore in Frascati einen Kodex auf Pergament, der in einer unbekannten Schrift verfasst war (S. 56–59). Bei dem Manuskript, das zahlreiche Abbildungen von Pflanzen und anderen Elementen enthält, scheint es sich um ein botanisches Werk des Mittelalters zu handeln, die unklare Sprache, in der der Text verfasst wurde, macht es jedoch zu einem echten Mysterium. Voynich war sein ganzes Leben lang damit beschäftigt, es zu entschlüsseln, doch bis heute bleibt es einer der rätselhaftesten Fälle in der Geschichte der Kryptografie.

Neben der Unleserlichkeit des Textes faszinieren am sogenannten *Voynich-Manuskript* auch die Illustrationen, die sowohl verschiedene Pflanzen, als auch menschliche und tierische Anatomien zeigen. Tatsächlich war die Darstellung zoomorpher und anthropomorpher Pflanzen im Mittelalter weit verbreitet, nicht nur im Westen, sondern auch im Osten. Jurgis Baltrušaitis schreibt in seiner wunderbaren Publikation *Das phantastische Mittelalter*: »Pflanzen, an denen Tiere und Menschen wachsen, sprießen in der bildenden Kunst (um beim Vergleich zu bleiben) aus zwei Wurzeln, aus ornamentalem Spieltrieb einerseits, andererseits aus legendärer Überlieferung. Dies stützt sich vor allem auf die Vorstellung des Lebensbaums, den das Leben so mächtig erfüllt, dass es den pflanzlichen Rahmen sprengt«[3].

Tatsächlich finden sich auch in indischen Texten des Mittelalters Beschreibungen sowohl eines wundersamen Baumes, der auf einer fernen Insel wächst und an dessen Ästen die Köpfe der Söhne Adams wachsen, als auch bestimmter Granatapfelbäume, die, wenn sie blühen, bunte Vögel hervorbringen; und in China ist von einem Baum die Rede, dessen kürbisähnliche Früchte an das menschliche Gesicht erinnern.

[3] Jurgis Baltrušaitis, *Das phantastische Mittelalter: antike und exotische Elemente der Kunst der Gotik*, dt. von Peter Hahlbrock, Berlin 1997 [3. Aufl.], S. 151.

[4] 1330 beschrieb der Franziskaner Odorico da Pordenone bzw. Odorich von Portenau [auch bekannt als Odorico Mattiussi oder Mattiuzzi, um 1286–1331], eine Pflanze, die ein Lamm hervorbringt, das sich von den um die Pflanze wachsenden Kräutern ernährt. Im 17. Jahrhundert beschreibt zudem der französische Dichter und Botaniker Claude Duret [um 1570–1611] in seiner *Histoire admirable des plantes et des herbes* [Paris 1605] Bäume, die Tiere gebären.

Auch in arabischen Texten gibt es Berichte von Bäumen, deren abgefallene Äste zum Leben erwachen und sich wie Schlangen winden, oder von Tieren, die wie Gemüse angepflanzt werden können. Eine der berühmtesten »Pflanzen« mittelalterlicher Texte entsteht zum Beispiel durch das Gießen eines Schafsnabels, aus dem dann eine Pflanze wächst, die einem kleinen, wenngleich äußerst gefräßig und gefährlich wirkenden Lämmchen gleicht.[4]

Die mittelalterlichen Pflanzen sind oftmals eher düster dargestellt; zudem wird entsprechend der abendländischen Ikonografie der Baum des Lebens oft mit dem Baum des Todes gleichgesetzt: zwei, mit dichtem Laub besetzte Äste entspringen demselben Stamm und zeigen entweder lächelnde Engelsköpfe zwischen zwei Flügeln, oder aber Totenschädel.

Die düsterste Pflanze jedoch, die als magisches Gewächs schlechthin gilt, ist die Alraune. Die vage anthropomorphe Form der Wurzeln hat ihr, neben der pflanzlichen, seit jeher eine tierische beziehungsweise menschliche Qualität verliehen und sie ins Reich der Legende verwiesen. So soll sie etwa klagen, weinen und schreien, wenn man sie aus der Erde zieht. In zahlreichen Illustrationen wird sie mit einer Art Hundeleine dargestellt, da der Legende nach eine Methode, sie zu ernten, darin bestand, einen Hund an der Pflanze anzubinden; wenn dieser loslief, sollte er die Pflanze herausziehen und bei ihrem Schrei sterben, woraufhin sein Besitzer sie gefahrlos ernten könnte (Abb. S. 11). Das Bild der Alraune ist so stark und beständig, dass es die Jahrhunderte überdauert hat und bis in unsere Zeit erhalten blieb. Es handelt sich zweifellos um eine Alraune, die in der Geschichte von Harry Potter beschrieben ist und die im Fach Kräuterkunde in der Schule des wohl berühmtesten Zauberlehrlings unserer Zeit zum Einsatz kommt.

Brennende Liebe, Miesmuschel und Marienkäfer
aus: Joris Hoefnagel, Georg Bocskay, *Mira calligraphiae monumenta*, 1561/62
Los Angeles, J. Paul Getty Museum, Ms. 20

Folgende Seiten
Pflanzen mit Skorpion-geformten Wurzeln
aus: Giambattista della Porta, *Phytognomonica*, Neapel 1588
Die Tafel stammt aus einer Ausgabe, die 1591 in Frankfurt veröffentlicht wurde.

Jacopo Ligozzi, *Atropa mandragora [Gemeine Alraune]*, 16. Jahrhundert, Zeichnung, Florenz, Gabinetto disegni e stampe degli Uffizi

In den mittelalterlichen Herbarien verstärken sich also zwei Mysterien gegenseitig: das der Abbildungen, die oft aus Aberglauben und Magie hervorgingen, und das der Texte, die bisweilen nicht zu entschlüsseln sind.

Es handelt sich um eine Praxis, die wir auch in jüngerer Zeit finden, etwas im *Codex Seraphinianus* von Luigi Serafini, den der Künstler zwischen 1976 und 1978 schuf. Von Italo Calvino als »Enzyklopädie eines Visionärs« bezeichnet, scheint der Codex der mittelalterlichen Gepflogenheit der unentzifferbaren Herbarien zu folgen, versehen mit Abbildungen von, gelinde gesagt, surrealen und fantastischen Pflanzen. Was die Darstellung dieser Pflanzen anbelangt, so schreibt Calvino: »Wie Ovid in den *Metamorphosen*, glaubt Serafini an die Kontiguität und Permeabilität aller Gebiete des Existierenden. [...] Das Menschliche und das Pflanzliche komplettieren sich gegenseitig [...] Wie manche Tiere die Formen anderer im selben Habitat lebender Arten annehmen, so werden die Lebewesen von den Formen der sie umgebenden Dinge angesteckt.«[5] Die Vermischung und Hybridisierung zwischen Pflanze und Tier bleibt also eine maßgebliche Referenz, die bis in die heutige Vorstellungswelt überlebt hat.[6] Was den nicht zu entschlüsselnden Text angeht, so erklärt Serafini selbst im Rahmen einer Konferenz in Oxford, dass die Schrift des Kodex asemisch sei, also völlig ohne Sinn, ähnlich dem automatischen Schreiben der Surrealisten. Sinn und Zweck sei es, dem Lesepublikum das Gefühl jener »Unleserlichkeit« des Textes zu vermitteln, das auch Kinder bei Büchern empfinden, die sie noch nicht verstehen.

[5] Luigi Serafini, *Codex Seraphinianus*, Mailand 2006 [1981]; Italo Calvino, »Enzyklopädie eines Visionärs«, in: ders., *Gesammelter Sand. Essays*, dt. von Burkhart Kroeber, München/Wien 1995, S. 159–165, hier S. 163.

[6] Eine wichtige Referenz für Serafini waren die Texte der *Histoire naturelles*, 1896, des Schriftstellers Jules Renard, die auch die zeitgenössischen Illustrationen von Henri de Toulouse-Lautrec beeinflusst haben.

Pulchre autem relictis Judeis, habitaturus In affectibus gentium, templum dominus ascendit. Hoc enim est templum verum: In quo non In litera: Sed in spiritu dominus Adoratur. Hoc Dei templum est: quod fidei series, non lapidum structura fundavit. Deseruntur Ergo qui adorant: Eliguntur Qui amaturi Erant. Et Ideo admontem venit Olivetj: vt novellas Olivas In sublimi virtutum plantaret: quarum Pater Est Illa, quæ sursum est Hierusalem. dominus mecum est.

TRES *aconitûm icones ex viuis plantis expreſſimus; prima Pliniani* 15 *pardalianchis, quam cammaro ſimilem facit; ſecunda Dioſcoridis; tertia Theophraſti, integrum referens ſcorpionem. Infra cammari & ſcorpii effigies ſubiecimus, vt arcta, quam mutuo habent, ſimilitudo contempletur.*

Atropa Mandragora

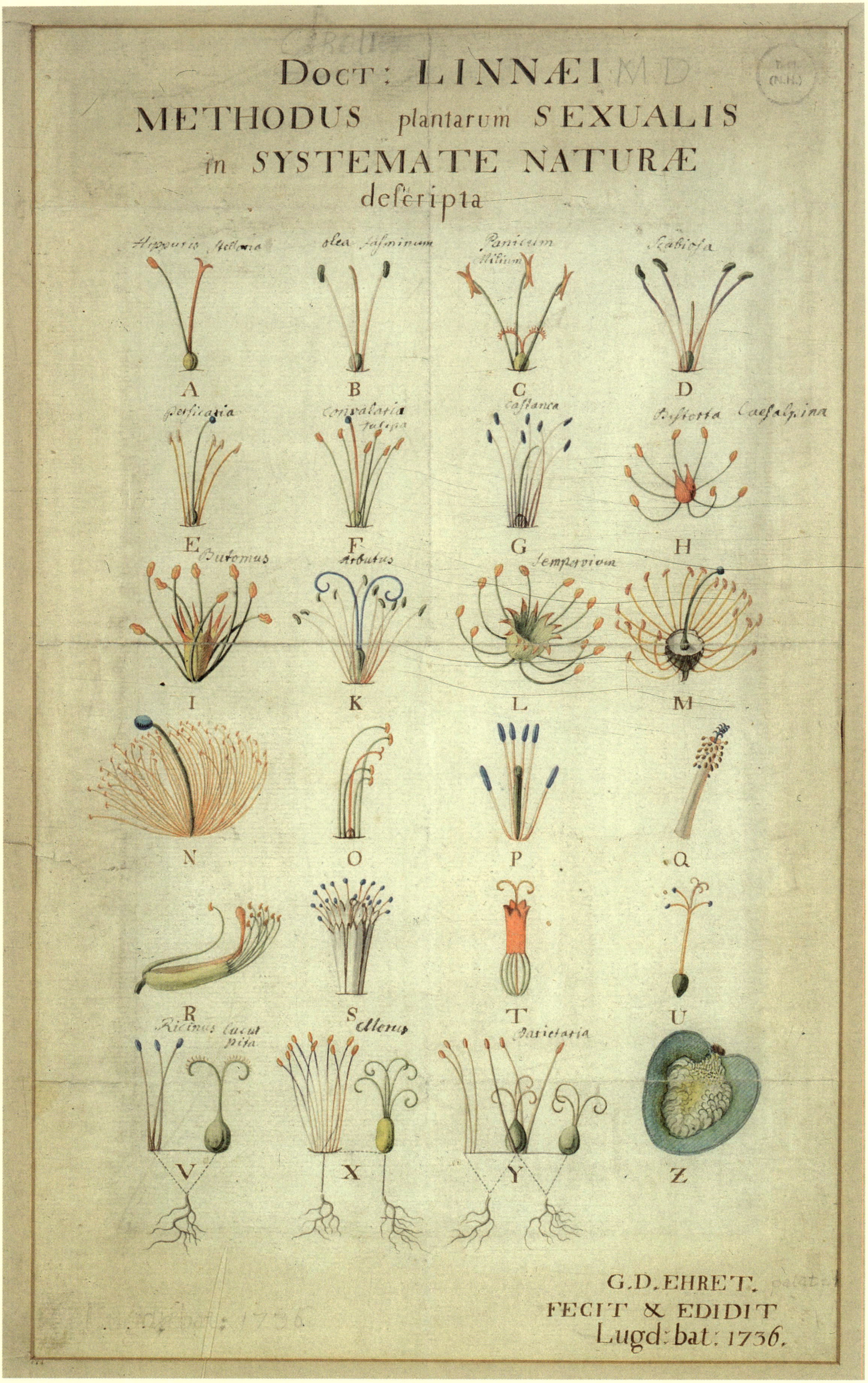
Doct: LINNÆI
METHODUS plantarum SEXUALIS
in SYSTEMATE NATURÆ
descripta
A
B
C
D
E
F
G
H
I
K
L
M
N
O
P
Q
R
S
T
U
V
X
Y
Z
G.D. EHRET.
FECIT & EDIDIT
Lugd: bat: 1736.

Georg Dionysius Ehret, *Methodus Plantorum Sexualis in sistema naturae discripta / Das Sexualsystem der Pflanzen nach Linné*, 1736, aus: Carl Linné, *Genera plantarum*, Leiden 1737 London, Natural History Museum

Zwar nicht von Text, sondern lediglich von Namen begleitet, die klingen wie äußerst humorvolle Neologismen, sind die Fantasiepflanzen eines Schriftstellers aus dem 19. Jahrhundert: Edward Lear, der Meister des Nonsens und der literarischen Form des Limerick, eines scherzhaften Gedichtes, das typisch für seine Zeit war. 1888 schuf Lear mit der *Nonsense Botany* ein Traktat, das sich über die Wissenschaft der Botanik lustig zu machen scheint und das illustrierte Tafeln mit fantastischen Pflanzen enthält (S. 44–47) – das Ergebnis seiner Vorstellungskraft, die bisweilen Namen wie *Piggiwiggia Pyramidalis* hervorbringt, die in der Tat der binären Nomenklatur von Linné entsprechen.

Während die *Nonsene Botany* zwar überwiegend vielsagende Abbildungen, kurze Texte und umwerfende Titel enthält, in der Darstellung jedoch figurativ bleibt, widmet sich die *Flora futurista* von Osvaldo Barbieri, genannt BOT (1930) ganz der Abstraktion. Er schlägt »würfelförmige« und »kugelähnliche« Blumen vor, die eindeutig nicht figurativ und naturalistisch sind. Der Künstler überträgt mit seiner Zusammenstellung das *Manifesto della Flora futurista ed equivalenti plastici di odori artificiali*, das 1924 von Fedele Azari verfasst wurde, in Bilder und Namen. Der Schwerpunkt liegt dabei auf dem Arrangement künstlicher Blumen, die »höchst originell, absolut erfunden, farbenprächtig und herrlich duftend«[7] sind.

Handelt es sich hierbei immer noch um Beispiele, die der botanischen Vorstellungskraft entspringen, mit äußerst aussagekräftigen grafischen Abbildungen, ist die *Botanica parallela (Parallele Botanik)* von Leo Lionni doch weitaus mehr auf die Schrift konzentriert. Der Künstler, Maler, Grafiker, Schriftsteller und Illustrator schuf 1976 ein halb ernstes Traktat zu unbekannten Pflanzenarten, und erfand so eine surreale Dimension, die parallel zu jener der wissenschaftlichen Welt existiert und in der die Naturforscher selbst bislang unveröffentlichte Pflanzenarten präsentieren und beschreiben.

Mithilfe von Beschreibungen, die mit wenigen jedoch aufschlussreichen Abbildungen versehen sind, werden erfundene Pflanzen ins Rampenlicht gestellt. Tatsächlich befassen sich die Texte eingehend mit einigen viel diskutierten philosophischen und kulturellen Themen, wie etwa dem Verhältnis von Natur und Kunst.

So vermittelt Lionni beispielsweise sehr plausibel die Beschaffenheit der »Artisien«, parallele Pflanzen, zu denen, dem Verfasser zufolge, ihr Namensgeber, der Amateur-Botaniker Theo van Schamen bemerkte: »Es ist noch nicht klar, ob die Pflanze in ihrer Dichotomie als Kunsterzeugnis / Natur eher Einfluss der Natur auf die Kunst oder den der Kunst auf die Natur ausdrückt.« Dazu schreibt Lionni: »Wir wissen natürlich, dass sie weder das eine noch das andere tut. Abgesehen von ihrem Parallelismus gehört die Artisia gänzlich der Natur an. Wie aber soll man das Rätsel ihrer Gestalt erklären, wenn mache Exemplare tatsächlich kunstvoll ausgeführte Handwerkserzeugnisse in reinstem Rokkokostil zu sein scheinen? Einige haben das Phänomen unter dem Titel ›Die Natur kopiert die Kunst‹ dargestellt: ›[...] Ehrlich gesagt, schienen uns die Artisien, abgesehen von ihren echten, deutlich sichtbaren Wurzeln, überhaupt keine Pflanzen zu sein, sondern eher Bruchstücke von verschnörkelten, alten Leuchtern oder Barock-Stuckverzierungen, wie man sie allenfalls auf dem *marché aux puces* aufstöbert‹«.[8]

[7] Siehe dazu auch die Webseite simonabalmelli.blogspot.com/2016/02/flora-futurista-ricerca-e.html.

[8] Leo Lionni, *Parallele Botanik*, dt. von Trude Fein, Köln 1978, S. 145–146.

[9] Robert Louis Stevenson, »The Distinguished Stranger«, in: *The Novels and Tales of Robert Louis Stevenson*, Bd. 20, New York 1896, S. 476 f.

[10] Sebastiano Vassalli, *De l'infinito, universo e mondi. Manuale di esobiologia*, Hacca, Matelica 2018. Teile des Textes wurden vorab in der Zeitschrift *Planeta* von 1972 abgedruckt.

Ein eigenes Kapitel würden auch die fantastischen Pflanzen verdienen, die in der Literatur beschrieben sind; sie sind zwar nicht in eigenen Herbarien versammelt, könnten jedoch genügend Material für selbige liefern. Reichlich Material für Fantasie-Flora findet sich auch verlässlich in den Genres Fantasy, Science-Fiction und sogar Horror. Zur ersten Gruppe gehören neben der bereits erwähnten Alraune in den Büchern von Joanne K. Rowling auch die sprechenden Blumen in *Alice hinter den Spiegeln* von Lewis Carroll und das Pfeifenkraut aus *Herr der Ringe* von Tolkien. Besonders rätselhaft und verstörend sind jedoch Pflanzen, die von anderen Planeten stammen. In ihren *Journeys to the Planet Mars* (1903) bietet uns Sara Weiss eine lebhafte Beschreibung derselben und fügt noch Illustrationen von 13 Mars-Pflanzen hinzu, gesehen aus den Augen eines Erdenmenschen. In der Fabel *Distinguished Stranger* von Robert Stevenson wird der Blickpunkt jedoch gewechselt, sind es dort doch die Pflanzen auf der Erde, die als stille und interessante Kreaturen interpretiert werden, und in der Bäume als »Menschen mit grünen Köpfen« bezeichnet werden.[9]

Sebastiano Vassalli ersann Anfang der 1970er-Jahre ein ganzes Traktat, das der Beschreibung einer außerirdischen Welt gewidmet war, in der die Vegetation in »nicht-intelligente« und »intelligente« Pflanzen unterteilt ist. Auf den Seiten des Traktats finden sich äußerst gefährliche Pflanzen, die Menschen und Tieren in Skulpturen aus Eis verwandeln, oder »architektonische und urbane« Pflanzen, aber auch solche »aus Silikon, die aus sich heraus leuchten« in Form von Diamanten oder mit goldenen Stängeln. Diese scheinen – etliche Jahrzehnte zuvor – die Naturdarstellungen des Films *Avatar* von 2010 vorwegzunehmen (Abb. S. 24/25).[10]

Wardsche Kästen aus: John R. Mollison, *The New Practical Window Gardener*, London 1877 London, Natural History Museum

Sind wir (immer noch) Natur?

Wir befinden uns im Jahr 1833, in London, und Nathaniel Ward – ein Botaniker, der Herbarien mit mehr als 25.000 Arten erstellt und eine Vorliebe für Farne hatte – erhält aus Australien ein außergewöhnliches, luftdichtes Glaskästchen mit äußerst wertvollem Inhalt: ein lebendiges Gärtchen, das ein mehr als wahrheitsgetreues Abbild der Meeresflora bietet.

Alles begann mit der Sehnsucht dieses Botanikers, in seinem Garten eine Mauer mit Farnen zu gestalten – ein Vorläufer des vertikalen Gartens; dieses Vorhaben wurde immer wieder durch die verheerende Luftverschmutzung in London vereitelt, die seine wertvollsten Exemplare vernichtete. Zufällig entdeckte er, dass die Pflanzen in einem hermetisch verschlossenen Glaskasten keimen und überleben konnten, und dank eines Kreislaufs endogener Feuchtigkeit prächtig gediehen.

Ausgehend von dieser Entdeckung bis zu einem Unternehmen, dass Pflanzen mit Langstrecken-Transportmitteln von anderen Kontinenten exportierte und importierte, war es nur ein Schritt. Der sogenannte Wardsche Kasten (Abb. S. 21) wurde zum Symbol einer kolonialistischen Botanik, aber auch zu einem weiteren Triumph der menschlichen Vernunft über die Natur. In gewissem Sinn lässt sich behaupten, dass Ward von

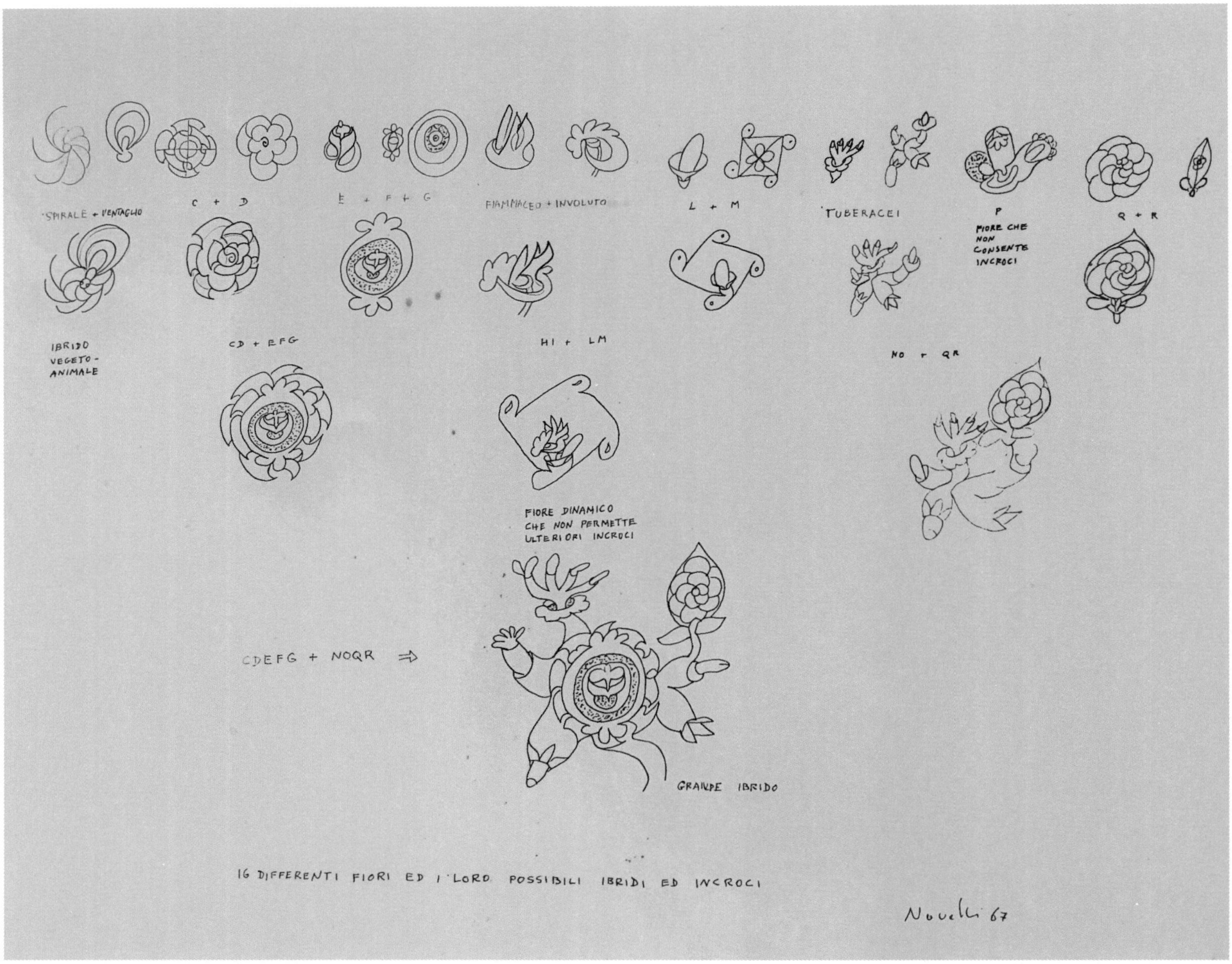
SPIRALE + VENTAGLIO
C + D
E + F + G
FIAMMACEO + INVOLUTO
L + M
TUBERACEI
P
FIORE CHE NON CONSENTE INCROCI
Q + R
IBRIDO VEGETO-ANIMALE
CD + EFG
HI + LM
NO + QR
FIORE DINAMICO CHE NON PERMETTE ULTERIORI INCROCI
CDEFG + NOQR ⇒
GRANDE IBRIDO
16 DIFFERENTI FIORI ED I LORO POSSIBILI IBRIDI ED INCROCI
Novelli 67

der Katalogisierung der Herbarien, die ursprünglich auch dem Zweck der Klassifizierung dienen und Informationen zu den Arten erhalten sollten, zu einer Form von fortgeschrittenen, dreidimensionalen und alternativen Herbarien übergegangen ist.

Im letzten Teil unserer Reise durch die Welt der Pflanzensammlungen haben wir es mit einer ganz eigenen Art von »Herbarien« zu tun, die zwar auch das Ziel verfolgen, Daten, Abbilder und Pflanzenbeschreibungen zu sammeln, jedoch mit drastisch anderen Mitteln und buchstäblich aus den Seiten eines Buches heraustretend, um wiederum anderem Zweck zu dienen. Aus diesem Grund sprechen wir hier weniger von »Herbarien«, sondern benutzen korrekterweise den Begriff »Florilegien«, der seiner Etymologie zufolge (aus dem Lateinischen *flos, floris*, »Blume, Blüte« und *legere*, »auflesen, sammeln«) auf das Sammeln von Pflanzen und Blüten verweist, wobei der Schwerpunkt eher auf dem ästhetischen als auf dem streng wissenschaftlich-botanischen Aspekt liegt. Doch nicht nur: Florilegien führen das Thema des Verhältnisses von Mensch und Natur zu wahren konzeptuellen Höhenflügen, oft indem sie auf bestehende Krisen verweisen, auf die Entfernung vom Konzept der Natürlichkeit und den Kampf des Natürlichen gegen das Künstliche. Früher fand diese Dualität (noch nicht konfliktträchtigen) Ausdruck im Anthropomorphisieren von Pflanzen, aber auch im Erfinden nicht existierender Arten, die bisweilen sogar von fernen Planeten stammten.

Heute werden Pflanzen mit digitalen Mitteln erfunden und wir lernen neue Formen fantastischer Botanik kennen, geschaffen unter anderem durch computergenerierte künstliche Intelligenz. Pflanzen sind jedoch weiterhin ästhetische Muster von ungebrochener Anziehungskraft, die zur Visualisierung digitaler Daten verschiedenster Art beitragen.

Gastone Novelli
16 differenti tipi di fiori ed i loro possibili ibridi ed incroci [16 verschiedene Arten von Blüten und ihre möglichen Hybriden und Kreuzungen], 1967
Bleistift und Feder auf Papier,
50 x 71 cm
Rom, Archivio Gastone Novelli

Folgende Seiten
Aufnahme aus dem Film *Avatar*
Regie: James Cameron, 20th Century Fox, 2009

Sie bieten zudem Anlass, sich mit der fraktalen Entwicklung einiger Arten auseinanderzusetzen, einer Art Mathematik der Natur, die sich auf Grundlage von Logarithmen entwickelt, ähnlich den Logarithmen, die die Verarbeitung von Daten im Netz regeln. Moderne Florilegien sind oft Werke von Künstlerinnen und Künstlern, die das Konzept der Mischtechniken aufgreifen und Medien und Sprachen kombinieren.

Dabei stellen sich allgemeine Fragen zur hybriden Natur, die sich transformiert und sich mit Widrigkeiten arrangiert, wie es die erfolgreichsten Pflanzen bereits seit Jahrhunderten tun. Es ist kein Zufall, dass der wohl größte Botaniker unsere Zeit, Gilles Clément, ein Gutteil seiner Beobachtungen den Wildkräutern widmet und eine kopernikanische Wende einleitet, indem er uns zu einer ästhetischen Neubewertung der Pflanzen einlädt, die zur sogenannten »dritten Landschaft« gehören.[11] Diese Aufmerksamkeit zu kultivieren, aber auch die Praxis des Katalogisierens von Kräutern, wird von großer Aktualität sein, vielleicht auch weil die Natur uns erneut deutlich gezeigt hat, dass sie bereit ist, jeden Ort in Besitz zu nehmen, den der Mensch ihr lässt. Als die Wildkräuter während der Pandemie 2020 die verlassenen Plätze in unseren Städten zurückerobert haben, waren es die Pflanzen, die uns daran erinnerten, dass es nicht einen Platz für sie und einen für uns gibt, sondern nur eine große und gemeinsame Erde.

[11] Siehe Gilles Clément, *Manifest der Dritten Landschaft*, dt. von Anton Schulz, Berlin 2010.

Ulisse Aldrovandi

Piante fiori frutti, 2. Hälfte 16. Jahrhundert

Rape / Rüben

Gegenüber
Verza violacea di Verona / Weißkohl Violacea di Verona

Kupferstiche, handkoloriert
Università di Bologna, Fondo Ulisse Aldrovandi

Der Gründer des Botanischen Gartens von Bologna, Ulisse Aldrovandi, war ein produktiver Botaniker und Entomologe des 16. Jahrhunderts. In seinen Studien betrachtete er die Natur als große Lehrmeisterin, mit deren Hilfe die philosophischen und metaphysischen Deutungen seiner Epoche überwunden werden sollten.

Aus diesem Grund war ein großer Teil seines Schaffens der Klassifizierung der Arten in der Natur gewidmet, vor allem jener, die sich durch besondere Schönheit auszeichnen, wie Blumen und Früchte. Aldrovandi gründete eines der ersten Museen zur Naturkunde, das er als »Theater« oder »Mikrokosmos der Natur« bezeichnete und das 7000 getrocknete Pflanzen und 18 Bände mit Kupferstichen und Aquarellen von Tieren, Mineralien, Pflanzen und sogar Monstern enthielt.

Für die Pflanzen-Tafeln verpflichtete Aldrovandi einige der besten Illustratoren seiner Zeit, wie Jacopo Ligozzi, Giovanni Neri und Cornelio Schwindt, die authentische Meisterwerke botanischer Kunst schufen.

Jean-Jacques Rousseau

Petit Herbier pour Mademoiselle Julie Boy-de-la-Tour , 1772

Paris, Musée des Arts Décoratifs

»Die Pflanzen scheinen in solcher Fülle auf der Erde verstreut – wie die Sterne am Himmel –, um den Menschen mit dem Reiz des Vergnügens und der Neugier einzuladen, sich dem Studium der Natur zu widmen.« So fasste der französische Philosoph seine Liebe zur Pflanzenwelt zusammen. Bei Exkursionen in die Natur und beim Studium der Pflanzen fand er Zuflucht und Trost angesichts persönlicher Krisen. Sein *Herbarium* entstand auf Grundlage von Betrachtungen und Achtsamkeit für die Umgebung, ohne imaginäre Ablenkungen. Diese meditative Aufmerksamkeit der Natur gegenüber spiegelt sich auch in seinen Texte wieder, sowohl im Briefwechsel mit Madame Delessert als auch in seinen *Träumereien des einsamen Spaziergängers*, die ab 1776 entstanden.

Der Zustand der Natur und seine Kenntnis derselben waren auch Grundlage für sein Hauptwerk von 1762, *Émile*, in dem die Prinzipien der Natur maßgeblich für seine moralische Pädagogik waren.

classis, IV
tetrandria monogynia
alchemilla, pirenaica,

James Sowerby

Botanische Tafeln, um 1800
aus: *British Botany*, 1790–1814

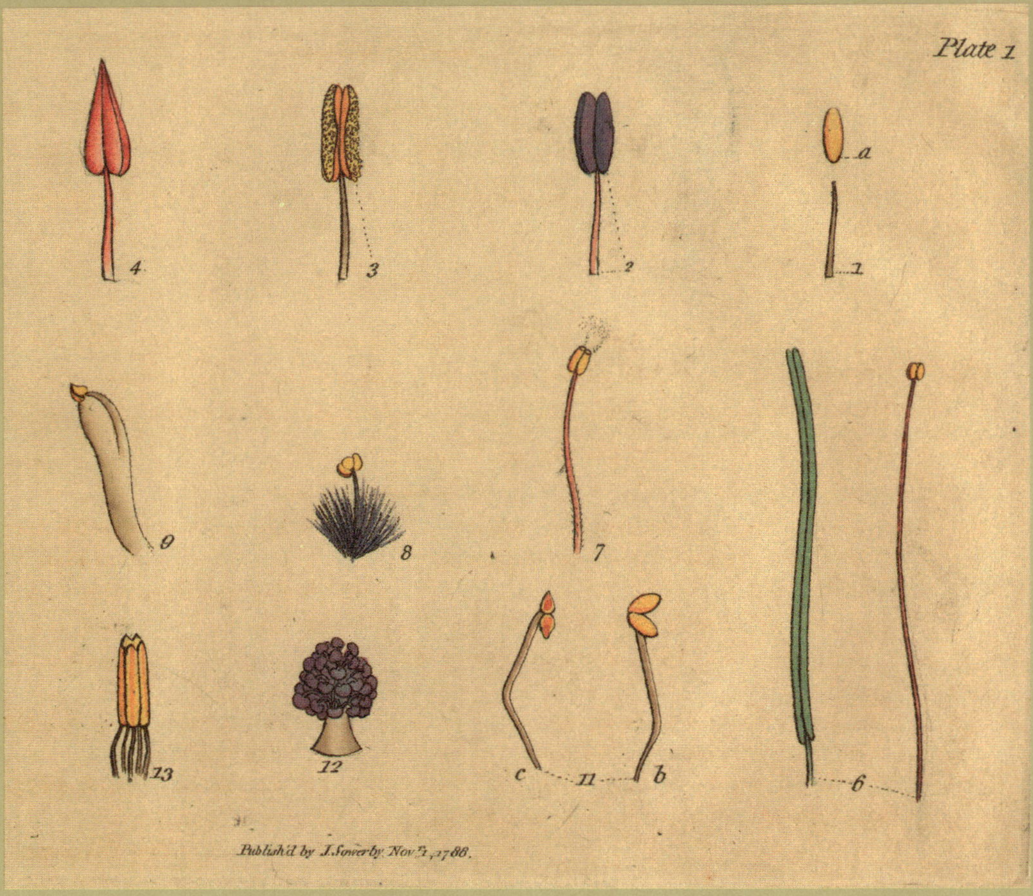

Als Nachkomme einer Familie von Botanikern, war der Engländer James Sowerby der perfekte Vertreter der britischen Leidenschaft für die botanische Kunst, die als grundlegendes Fach für die Kultur der Epoche und Schnittpunkt von Kunst und Wissenschaft galt. 1790 begann er mit einem enzyklopädischen Werk, der *English Botany*, die ihn mehr als 20 Jahre lang beschäftigen sollte und schließlich 2500 botanische Arten umfasste. Am Stil des britischen Künstlers fasziniert vor allem der klare und deskriptive Ausdruck, der eine wissenschaftliche Botanik einleitete, die selbst das kleinste Detail der Pflanzen einfing, ohne sich in jene stilistischen Geziertheiten zu verlieren, die typisch für seine Zeit waren.

Die gleiche beschreibende Präzision finden wir auch in seinen illustrierten Werken zur Mineralogie, die durch die Präsentation von »Elemente-Tafeln« und die wissenschaftliche Sorgfalt mit seinen Pflanzen-Illustrationen eng verbunden sind.

778

Sep.r 1.1800 Published by J.s Sowerby London.

Plate 7

Aug.t 1.1807. Publish'd by Ja.s Sowerby London.

Emily Dickinson

Herbarium, 1839–1846

Cambridge [Massachusetts], Harvard University, Houghton Library

A sepal, petal, and a thorn / Upon a common summer's morn – / A flask of Dew – A Bee or two – / A Breeze – a caper in the trees – / And I'm a Rose!

[»Ein Kelch, ein Blatt, ein Dorn / An irgendeinem Sommermorgen – / Ein Schälchen Tau – Bienen, ein oder zwei – / Ein Windhauch – Rascheln in den Zweigen – / Und ich bin eine Rose!« Emily Dickinson, *Gedichte*, ausgewählt u. übertragen von Gertrud Liepe, Stuttgart 2020 [1970], S. 9]

Eines der schönsten Gedichte von Emily Dickinson belegt ihre Leidenschaft für Pflanzen, die die Poetin von Kindheit an gepflegt hatte und die in ihrem *Herbarium* eine weitere Spur hinterlassen hat. Fast wie ein Tagebuch konzipierte Dickinson diese Sammlung, die der alten Tradition des *Hortus Siccus* folgt – getrocknete Pflanzen zwischen den Seiten eines Buches, mit Anmerkungen und Beschreibungen. Dickinson studierte Botanik am Mount Holyoke College, und belegt mit diesem *Herbarium* ihre Leidenschaft für eine Wissenschaft, die Frauen damals vorenthalten wurde, da sie zu universitären Lehrveranstaltungen im Bereich Naturwissenschaften nicht zugelassen waren.

Das Sammeln getrockneter Pflanzen war jahrhundertelang die einzige Form des wissenschaftlichen Studiums und der Überlieferung botanischer Kultur, die jungen Frauen aus gutem Haus vorbehalten war. Herbarien dienten ihnen als Quelle autodidaktischer Bildung, denen heute endlich die gebührende Aufmerksamkeit zuteil wird.

Mimulus ringens. 13.2.
Prunella vulgaris. 13.1.
Campanula speculum. 5.1.
Cheiranthus annuus. 14.2.

F

Parallel zur Entstehung von Herbarien, die der Vermittlung von wissenschaftlichem und botanischem Wissen dienen, hat die Welt der realen Pflanzen Schriftstellerinnen und Schriftsteller, Kunstschaffende sowie Illustratorinnen und Illustratoren auch zur Erfindung fantastischer Flora inspiriert. Dieses Genre von Herbarien ist nahezu vom gleichen Bedürfnis zur Klassifizierung durchdrungen, mit dem einzigen wesentlichen Unterschied, dass die Pflanzen, die hier einer Ordnung und Beschreibung unterzogen werden, in Wahrheit gar nicht existieren, sondern lediglich dem Geist ihrer Schöpferinnen und Schöpfer entspringen. Und so bietet uns das botanische Universum, das sie darstellen, surreale Fiktionen, Mischformen von Pflanzen und Tieren, anthropomorphe Animationen, Kombinationen mit künstlichen Objekten und sogar außerirdischen Welten.

Zentraler Bestandteil dieser Fantasie-Herbarien ist die Verbindung von Illustrationen und beschreibendem Text, der diese begleitet. Oft gesellt sich zum visuellen Erlebnis der Fantasiepflanze ein kreativer Text als detailgetreue Beschreibung, die den wissenschaftlichen Erläuterungen realer Pflanzen entspricht, inklusive botanischer Nomenklatur, die in den meisten Fällen der klassischen Form nach Linné folgt. In einigen Fällen wird die imaginäre Pflanze jedoch durch einen ebenso erfundenen und unergründlichen Text ergänzt.

Voynich-Manuskript

15. Jahrhundert

New Haven [Connecticut], Yale University, Beinecke Rare Book & Manuscript Library, Ms. 408

Dieser illustrierte Kodex ist ein Beleg für die althergebrachte Tradition, nicht nur Herbarien von realen Pflanzen zusammenzustellen, sondern auch solche farbenfrohen und bisweilen verworrenen Universen einer erfundenen Pflanzenwelt. Das vermutlich zwischen 1404 und 1438 verfasste Manuskript verdankt seinen Namen dem polnischen Antiquar Wilfrid Michael Voynich, der es Anfang des 20. Jahrhunderts in einem Kloster in Frascati entdeckt hatte. Diese auf Kalbspergament verfasste seltene Handschrift in kleinem Format weist zahlreiche Verweise auf wiederholte Besitzerwechsel und andere Kalamitäten auf. Ihren Ruhm verdankt sie zwei Faktoren: Der bemerkenswert fantasievollen Darstellung der illustrierten Pflanzen, die eher der alchemistischen und magischen Botanik anzugehören scheinen als der Welt der Wissenschaft, sowie der völligen Unentzifferbarkeit der Schrift, die das Manuskript bis heute zu einem der größten Rätsel der Kryptologie macht.

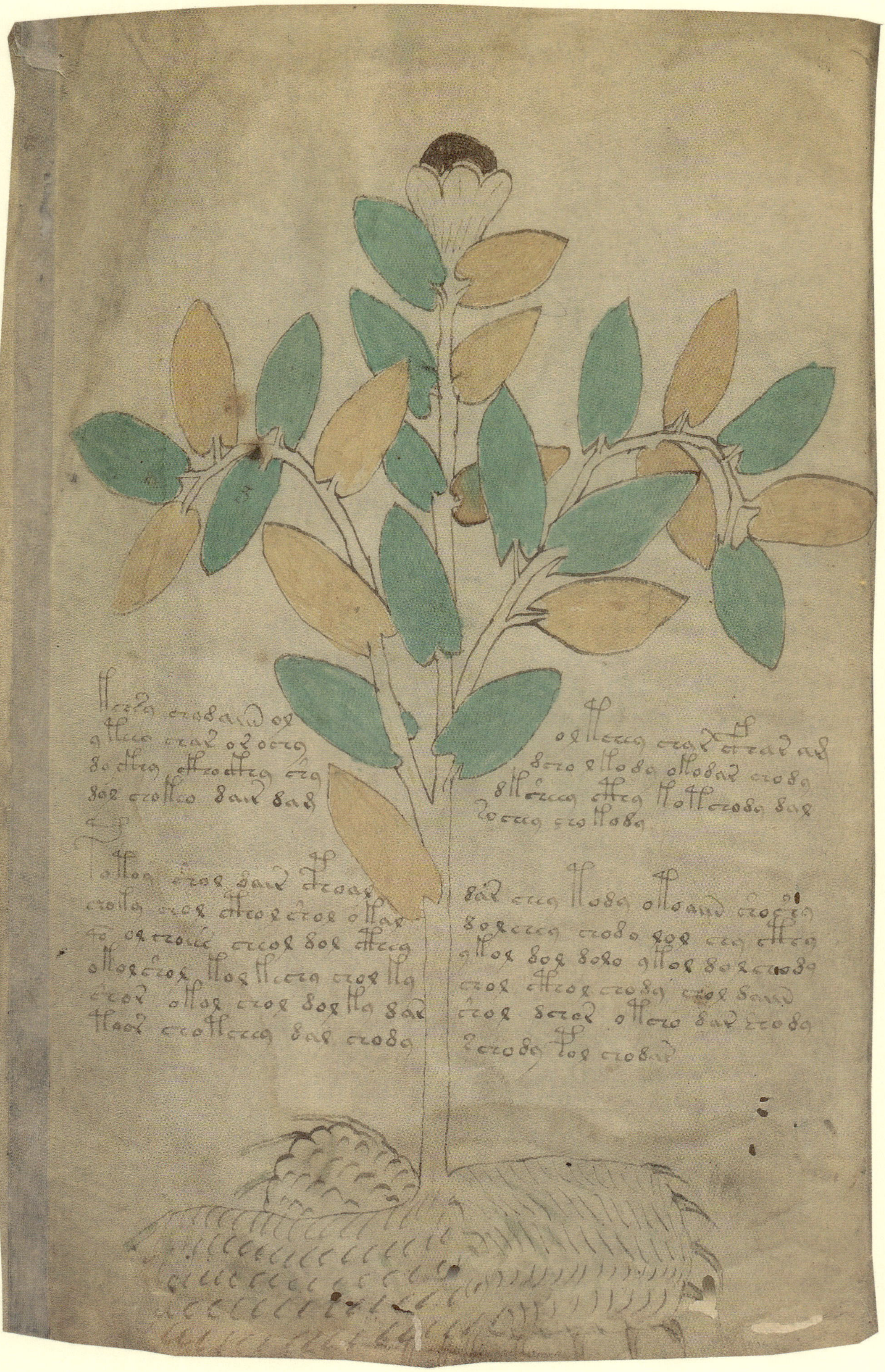

Jean-Jacques Grandville

Les Fleurs animées, 1847

Die abgebildeten Tafeln stammen aus der zweiten Auflage, die 1857 in Paris erschien.

Die erstmals 1847 in Paris veröffentlichte Publikation – dem Jahr des vorzeitigen Ablebens des Künstlers – ist eine wahre Hymne auf Erfindungsreichtum und Schönheit. Jean-Ignace-Isidore Gérard, bekannt unter dem Pseudonym Jean-Jacques Grandville, war einer der bedeutendsten französischen Illustratoren des 19. Jahrhunderts, berühmt für seine grafischen Gestalten, die sowohl tierische als auch menschliche Wesenszüge aufwiesen und oft im Bereich der Satire angesiedelt waren oder zur Illustration von Meisterwerken wie den Fabeln von Jean de La Fontaine oder *Gullivers Reisen* von Jonathan Swift dienten.

In der Darstellung der beseelten Blumen kommt die enorme Fantasie und Eleganz dieses Künstlers zum Ausdruck, dessen persönliches Leben von schweren Schicksalsschlägen überschattet war. Diese ließen ihn wohl in einer fantastischen, surrealen Welt Zuflucht suchen, die auch eine Quelle der Inspiration für Kunstschaffende des Surrealismus war.

LES
FLEURS
Animées
Dessins par J. J. Grandville
Gravés sur acier par C. Geoffroy
Texte par Taxile Delord
Introductions par Alph. Karr
Botanique et horticulture des dames par le Cte Fœlix
G. de Gonet. Editr Rue des Beaux-Arts. 6.

Grandville del. FLÈCHE-D'EAU Ch. Geoffroy sc.

DAHLIA

Edward Lear

Nonsense Botany, 1888

Die abgebildeten Tafeln stammen aus einer Ausgabe, die 1889 in London erschien.

Cockatooca Superba.

21

Edward Lear war ein Künstler, der Witz und beißende Ironie zu seinem Credo erhoben hatte. Der Verfasser kurzer satirisch-humoristischer Stücke, die als Limericks bekannt wurden (ein literarisches Genre, zu dem er so einiges beigetragen hat), verband in seinem Schaffen stets Text mit Illustration. In seiner *Nonsense Botany* gelingt es ihm höchst eindrucksvoll, sich über die britische Leidenschaft für Pflanzen und botanische Kunst lustig zu machen, die zu seinen Lebzeiten florierte. Wesentlich für Lears Arbeiten sind neben den skizzenhaften Zeichnungen, die skurrile erfundene Fantasiepflanzen zeigen, auch deren Bezeichnungen. Als entscheidender Bestandteil des Werks vervollständigen sie die Ironie der botanischen Visionen mit Namen, die den Nonsens und den surrealen Aspekt verdeutlichen, verstärkt zudem durch den Einsatz der binären Nomenklatur von Linné.

Crabbia Horrida.

Manypeeplia Upsidownia.

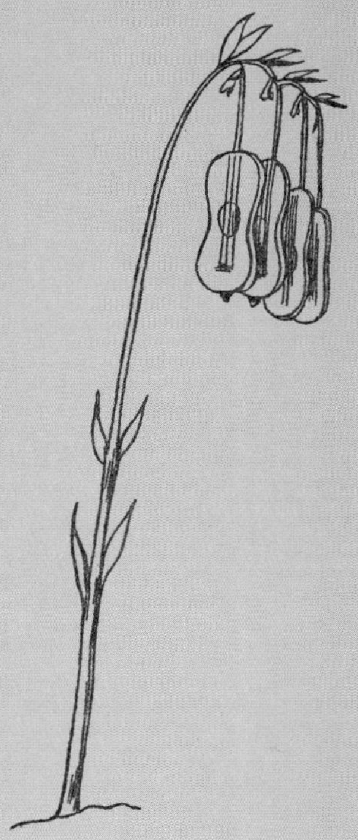

Guittara Pensilis.

23

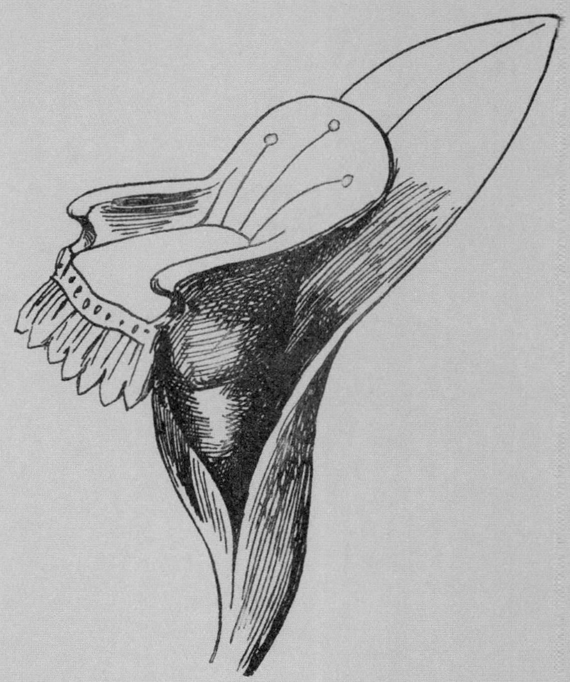

Armchairia Comfortabilis.

9 B

John Weir

The Bogus Book of Botany, 1930–1948

Tusche auf Papier
Westwood [England],
Iford Manor Estate

Über dieses Herbarium der fantastischen Botanik und seinen Verfasser ist tatsächlich nur wenig bekannt, und schon der Titel lässt auf den erfundenen Inhalt schließen. Höchstwahrscheinlich kannte John Weir die *Nonsense Botany* von Edward Lear, denn auch er erfindet Pflanzennamen und bedient sich der Nomenklatur, die sich auch hier – unter Einsatz von Wortspielen – auf das wissenschaftliche linnésche System bezieht. In seiner Botanik werden die Namen sogar doppelt angegeben: mit englischen Bezeichnungen, die an Moden und Persönlichkeiten der Zeit erinnern, und mit lateinischen, für die er den Sinn ironisch übersetzt hat.

Zudem fehlt es nicht an Verweisen auf mondäne Sujets der Epoche, sowohl in der Kombination aus pflanzlichen Elementen und Gegenständen, sowie menschlichen Figuren und Gesichtern, die oft an Diven des damaligen Kinos (wie Mae West) oder Filmgenres (romantische Komödien) denken lassen.

Forgot-me-Net..... Anglers' Umbrage.

Michel Guérard & Jean-Paul Plantive

Petit Almanach des plantes improbables & merveilleuses, 2005

Gingko éditeur,
Paris 2005

Fragaria regalis

Die in diesem Almanach beschriebenen Pflanzen sind zwar nicht unmöglich, jedoch »unwahrscheinlich«, und zwar insofern als sie, wie von den Verfassern beschrieben, unerwartet und überraschend sind. Mit Sicherheit sind sie wunderbar, vereinen sie doch die surrealistische Grammatik mit jener der Botanik. Oft verschmelzen die Pflanzen mit künstlichen Objekten und laden uns somit dazu ein, über die oft flüchtige und subtile Grenze nachzudenken, die Artifizielles und Natur trennt.

Zu den Zeichnungen von Michel Guérard gesellt sich fast immer ein höchst wortgewandter Text von Jean-Paul Plantive, der zu einer fantastischen, von Ironie und Vergnügen geprägten Reise einlädt. Auch die fantasievollen Namen, welche die wissenschaftliche Nomenklatur imitieren, dürfen natürlich nicht fehlen.

Diplodendron rhizomatum

Solea esculenta

Gianluca Galante & Federico Guerri

Orto invisibile, 2018

Kupferstiche, gedruckt mit Handpresse; die neun Tafeln erschienen auch als gebundene Ausgabe, Bologna 2018

Bei den Elementen des *Orto invisibile* handelt es sich um erfundene Pflanzen, die jedoch auch mit der menschlichen Psyche zu tun haben. Dank der eleganten Strichführung und der bewundernswerten Zeichentechnik von Federico Guerri, aber auch durch die Beschreibungen von Gianluca Galante, erwachen sie zum Leben. Sie werden quasi zu Seelenpflanzen und dienen einer Art von Bewusstseinserforschung, denn sie vereinen Details, die der menschlichen Anatomie entnommen scheinen mit Bezügen auf unbewusste Ängste und in Verbindung mit traumähnlichen Szenerien. Schlaglichtartig und intuitiv, wie oft bei dieser Art der Herbarien, liefern die Namen der einzelnen Arten eine treffende Zusammenfassung der besonderen Eigenschaften.

Nefelia maga (*Vanona*)

Affiora in corti ceppi conoidali aprentisi, secondo la stagione, in ampi globi nubiformi: scambiati più spesso per funghi di grandi dimensioni, se ingeriti, provocano forti preoccupazioni prive di fondamento.

Tav. XXI

Uterina perpetua (*Anctonia*)

Formata una corteccia spessa e globulare, vi concresce in cicli di morte e rigenerazione nutrendosi di rametti, ghiande e piccole foglie che marciscono al suo interno. Sotterranea, attira insetti e piccoli roditori favorendone l'accoppiamento.

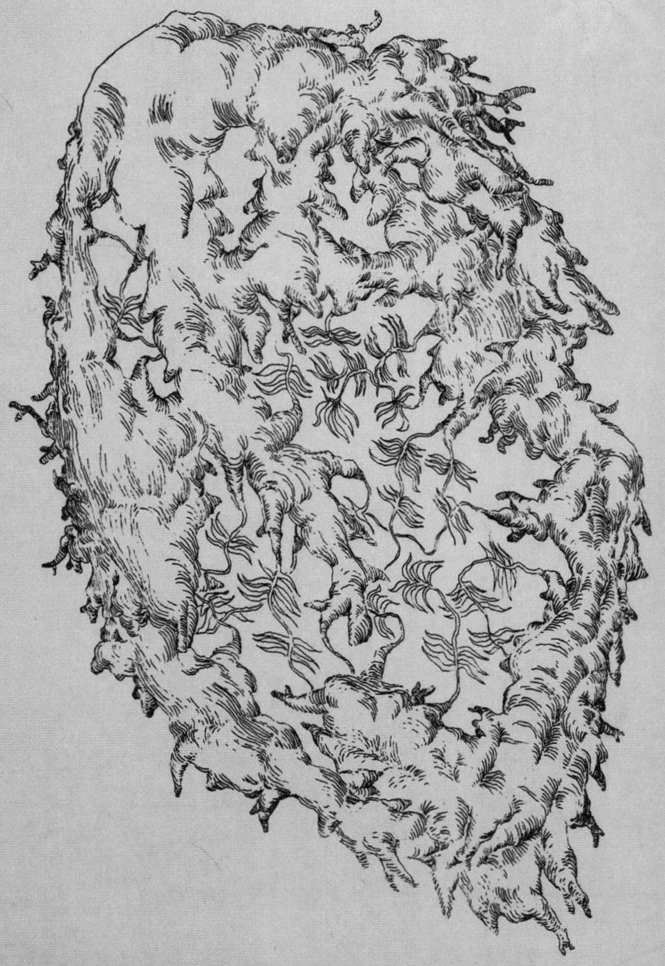

Tav. VIII

Fustella cardiaca

Unica nel regno vegetale dotata di un sistema cardiocircolatorio, adagiatisi sull'erba, la si può sentire pulsare.

Tav. **II**

KORALIE

Botanic Garden, 2018

Phitotalis Acantha
Zeichnung
Privatsammlung

Gegenüber
Guagamina himos, Otarium napalus, Girikos thelma, Mayatis ananangos, Tamesos etumae, Pamelia agatalis, Janitisios lounas, Pyrus zephirinos, Maya bakulssea
Zeichnung
Privatsammlung

Folgende Seiten
Chandralis fado
Zeichnung
Privatsammlung

Orphea akhilae
Zeichnung
Privatsammlung

Nach einer Ausbildung als Architektin widmete sich die französische Künstlerin Koralie nicht nur Graffitis und Wandgemälden, sondern auch Illustrationen. In ihrem künstlerischen Schaffen finden sich zahlreiche ethnische Elemente und Einflüsse der Volkskunst, die deren Archetypen durch eine geometrische und rationale Komposition vermitteln. Die Pflanzen in diesem Herbarium sind zwar erfunden, wirken jedoch aufgrund ihrer Eigenschaften wie absolut glaubwürdige kleine Pflanzenarchitekturen. Charakteristisch für ihre Arbeiten ist eine Farbpalette mit kühlen Grün- und Türkistönen, die durch Braun- und Erdtöne ausbalanciert werden. Die pflanzlichen Formen, die an die faszinierende Eleganz von Art-decó-Grafiken erinnern, imaginieren außerdem ein Dickicht, das einem Volksmärchen entsprungen zu sein scheint.

Studio Trüf

Flöra, 2018

Das kalifornische Kreativstudio Trüf, gegründet von Adam Goldberg und Monika Kehrer, hat diese Fantasie-Flora aus stilisierten Pflanzen in einem grafischen Stil gestaltet, der typisch für ihre Arbeiten ist. Nachdem sie sich bereits mit den Tieren einer ebenso imaginären Fauna auseinandergesetzt haben, unterziehen sie nun auch Pflanzen und Blumen ihrer geometrisierenden Betrachtungsweise und unterwerfen die Natur einem *esprit de géométrie*, der zwar nicht wissenschaftlich, wohl aber weitaus verspielter durch ihre grafischen Visionen ist. Ziel ist es, zu reduzieren und zu minimalisieren, was der Wissenschaft eigentlich widerspricht, die für gewöhnlich nicht nur Ernsthaftigkeit anstrebt, sondern auch die Komplexität der Pflanzenwelt veranschaulichen will. Das Ergebnis ähnelt einem Alphabet der Zeichen, in dem die Teile der Pflanze den Morphemen einer Sprache vergleichbar sind.

Flora

Trüfensis

a minimalist design exploration of the plant world.

-Plant 1.0

Flora
Trüfensis
a minimalist design exploration of the plant world.
v. 3
v. 4
v. 5

Flora

Trüfensis

a minimalist design
exploration of the
plant world.

-Plant 7. 8

Hortus mirabilis
Storie di piante immaginarie

2021

Erzählungen verschiedener Autorinnen und Autoren, Illustrationen von Gabriele Operto, Moscabianca edizioni, Rom 2021

RADIZPECA
Carapichea radizpeca

Es handelt sich hierbei nicht nur um ein Herbarium, sondern um eine Sammlung von Erzählungen, die einen fantastischen Garten heraufbeschwören, der wiederum ein Herbarium aus erfundenen Pflanzen entstehen lässt. In der Tradition fantastischer Herbarien ist es oft so, dass diejenigen, die sich die Pflanzen ausdenken, diese auch mit einem Namen und einer Beschreibung versehen, die oftmals der Nomenklatur der wissenschaftlichen Taxonomie folgen.

Hier lässt es sich jedoch nicht eindeutig feststellen, was zuerst da war, die Erzählung oder die Pflanze, die in deren Mittelpunkt steht. Und vielleicht muss man es auch gar nicht wissen, denn die Beschreibungen entführen uns in absolut plausible Welten, in denen selbst die fantasievollsten und magischsten Pflanzenarten möglich erscheinen. Zudem weisen die Bildtafeln einen derartigen Detailreichtum auf, dass Zweifel aufkommen, ob solche Pflanzen nicht tatsächlich existieren.

ALBERO MADRE

Salix nigra mater

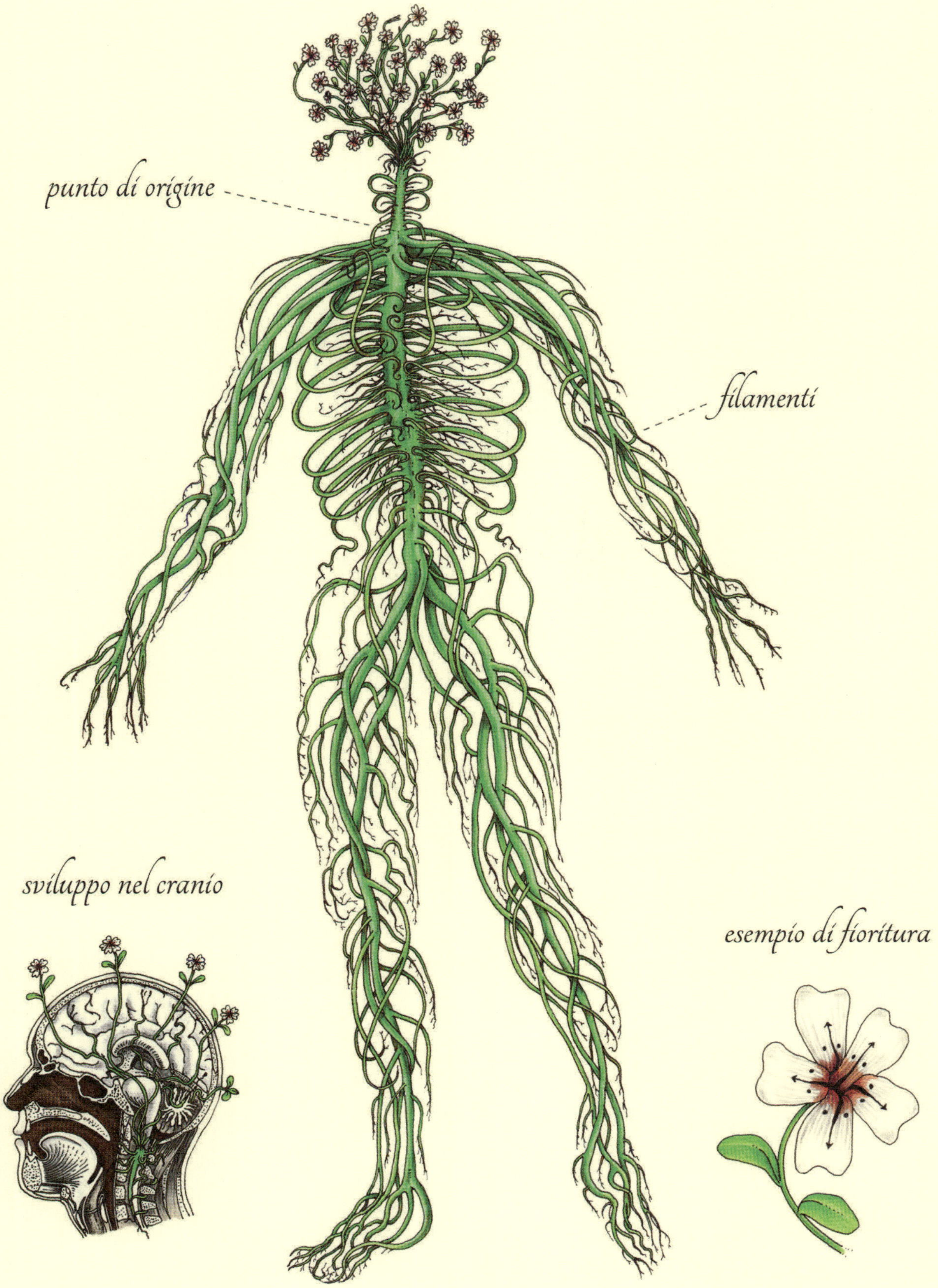

GEMINALIA

Symbionta duplicata

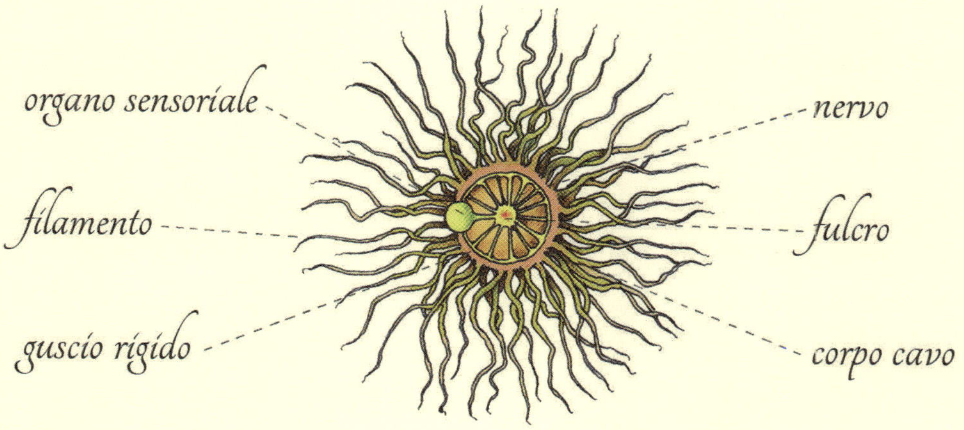

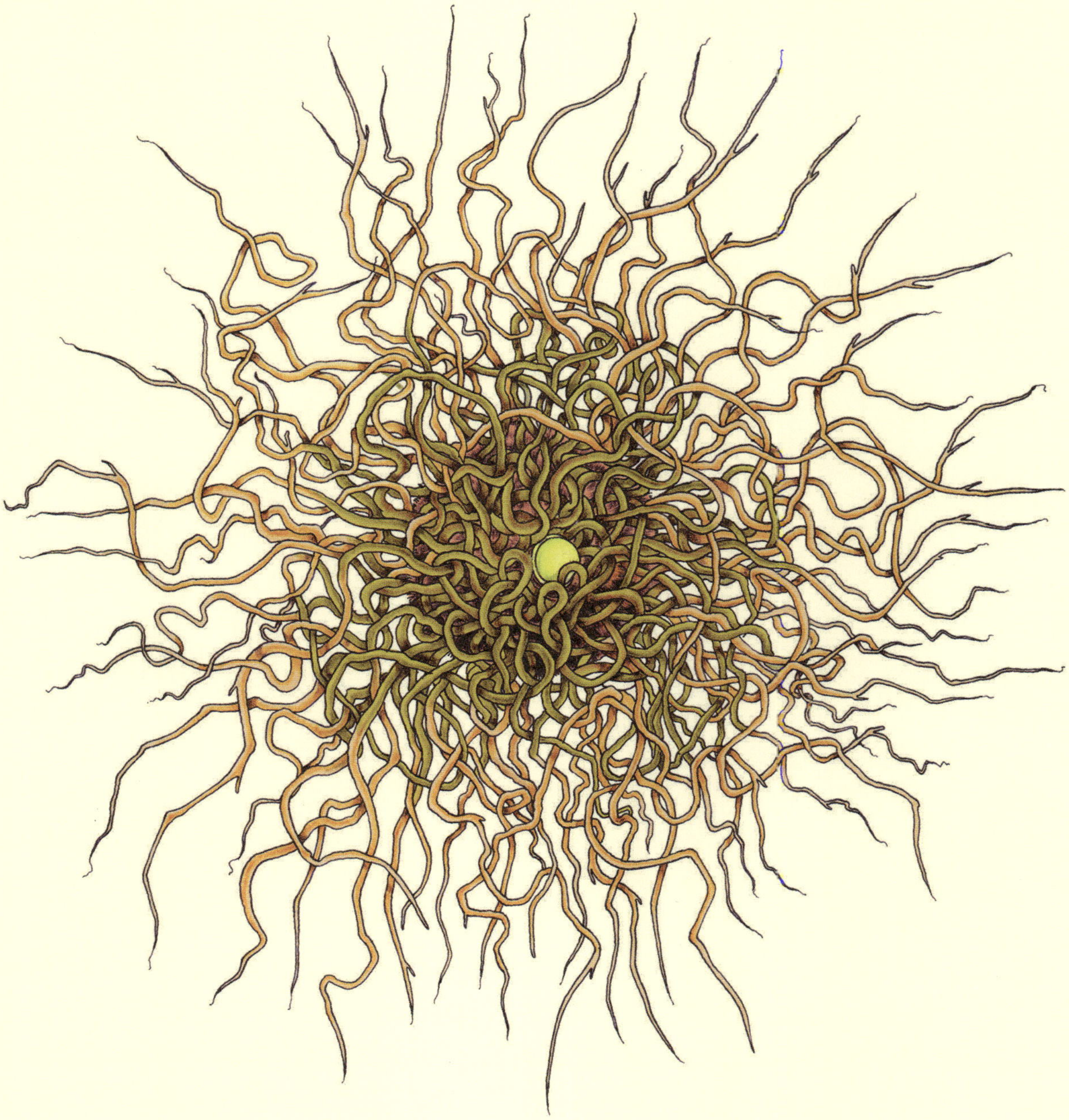

ROTOLACAMPO GIGANTE

Salsola arctica

Ugo La Pietra

Erbario, 2021

Tusche und Bleistift auf Papier, 2020/21
Marinonibooks, Cassolnovo [PV] 2021

CRESTELLA INTRECCIATA
GEFLOCHTENE CRESTELLA

»Dies ist eine außergewöhnliche Pflanze! Büschel von grünen Blättern, wie Piniennadeln ineinander verschlungen und wild aneinandergeschmiegt.
Und so ist sie beschaffen. Leichte Sprossachsen, aus einer Gruppe von Samen entspringend, stützen die verschlungenen Zweige, die sich in untrennbaren Umarmungen biegen. Dann ganz plötzlich löst sich der Knoten in langen Halmen, die nach oben streben und in großen roten Büscheln enden. Die geflochtene Crestella ist eine seltene Pflanze, die vor allem in bürgerlichen Haushalten und in den Salons des frühen 20. Jahrhunderts gezüchtet und geschätzt wurde. Es galt als modisch, diese sonderbare Pflanze inmitten von Art-déco-Möbeln zu kultivieren. Die blasierte Aristokratie, Gefolgsleute des Dichters D'Annunzio, wetteiferte darum, ihrer habhaft zu werden. Kostbar, wild, rätselhaft, exotisch, ... Eine Pflanze für die Reichen, die sich ihren Wohnsitz gerne von Modeschöpfern einrichten ließen.

Crestella intrecciata erinnert an eine dieser Damen von damals! Geziert, lasterhaft, verführt durch das Lesen des Dichters, Liebhaberin wirbelnder Bälle und Besucherin luxuriöser Salons. Eine Frau auf dem aktuellen Stand ihrer Zeit, der aber nicht bewusst war, dass das verschlungene Geflecht der prestigeträchtigen Pflanze zugleich das kostbarste Grün in den nüchternen Zen-Gärten darstellte. Eine echte Überraschung also, die Gestalt der rätselhaften Crestella in der d'annunzianischen Doppelzüngigkeit der Belle Époque wiederzufinden.«

Die hier wiedergegebenen Illustrationen und Texte stammen aus einer kleinen botanischen Enzyklopädie erfundener Pflanzen. Sie versammelt nicht die imposanten Exemplare botanischer Gärten, sondern eher Pflänzchen, gewissermaßen Unkraut, das sich entlang imaginärer Spazierwege finden lässt.

Entstanden gegen Ende der pandemischen Klausur, erinnert das Herbarium an die Tradition von Kunstschaffenden und Intellektuellen, sich durch die Botanik trösten und beflügeln zu lassen. Wie La Pietra erklärt: »Die Enzyklopädie ist in Folge langer Erkundungen wenig erforschter Orte entstanden: die Ränder von Bahnhöfen und Autobahnen, das Gehölz des ligurischen Hinterlandes, die Hügel der Ciociaria, die Wiesen der Poebene, die Saumpfade der Insel Filicudi und die Trockenmauern des Salento an den Rändern bestellter Felder.« – Aber vor allem war La Pietra entlang der Pfade des Sinnierens und der Fantasie unterwegs.

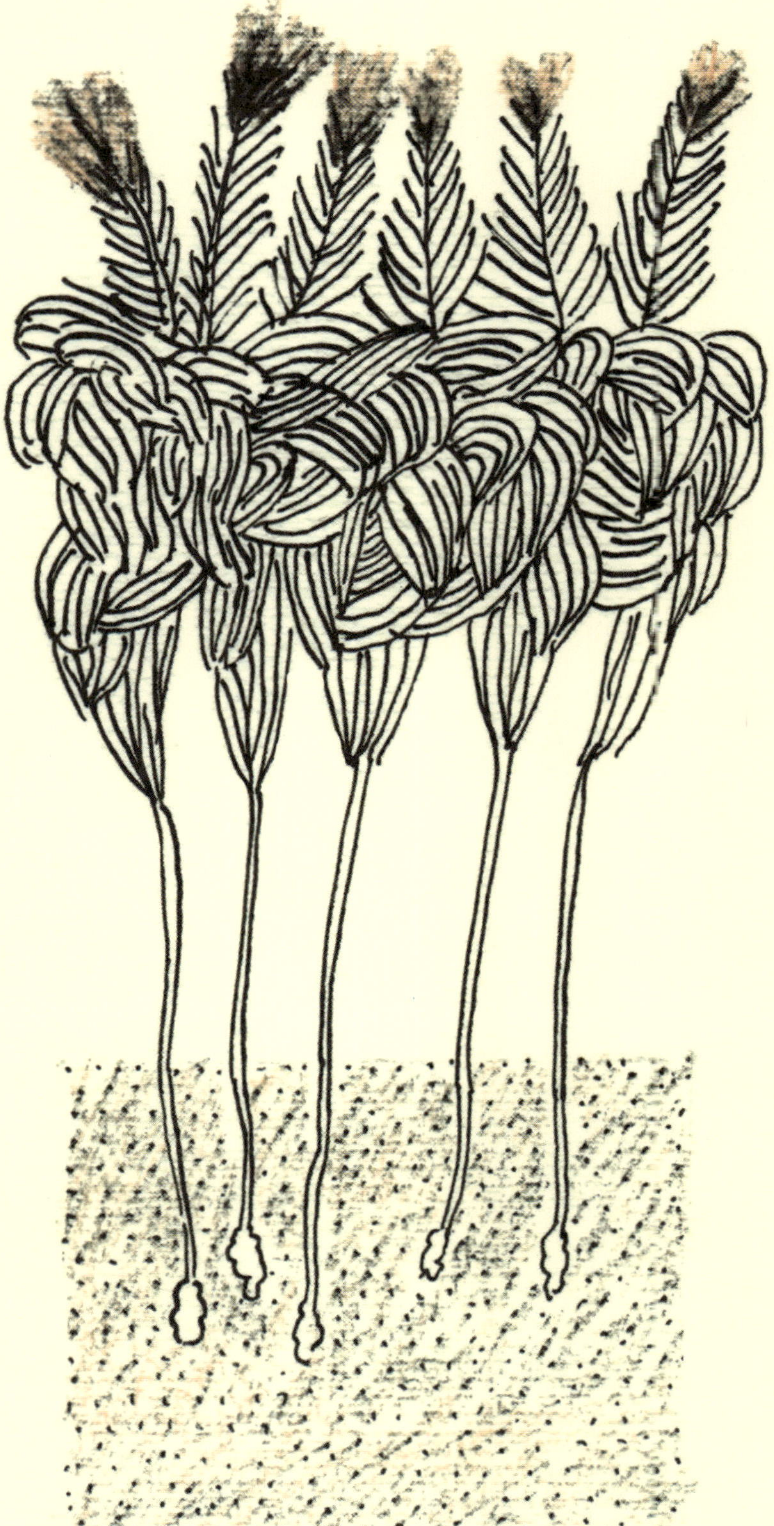

ASPRINIA

»Dieses Pflänzchen ist so selten, dass ich, obgleich man über seine Eigenschaften spricht, niemanden kenne, der es jemals tatsächlich gesehen hat. Es zeichnet sich durch eine unverwechselbare Blüte mit acht Spitzen aus, deren Farben von Gelb bis Türkis reichen. In zahlreichen botanischen Traktaten, die jedoch nicht immer glaubwürdig sind, ist es als Droge der Wildschweine beschrieben. Aus diesem Grund finden sich Berichte zur Asprinia oft in den Erzählungen toskanischer Bauern. Die Wildschweine, die oftmals in den Monaten, wenn die Weintrauben reifen, in den Weinbergen wüteten, änderten ihr angestammtes Verhalten, wenn sie in Kontakt mit der Asprinia kamen und von ihren spitzen Blütenblättern kosteten. Deshalb pflanzten die Bauern sie entlang der Reihen von Weinstöcken. Wenn die Wildschweine die anregende Droge fraßen, die sich in einem Säckchen unterhalb der farbigen Spitzen befindet, verloren sie das Verlangen, über die saftigen reifen Trauben herzufallen. Das aromatische Öl der Asprinia regte sie zur Produktion von Hormonen an, die ihren Geschmacks- und Geruchssinn veränderten.

Der intensive Duft, den die Blumen verströmen, besonders wenn das kleine Depot unter den Blütenblättern leicht gedrückt wird, war auch den toskanischen Bauern gut bekannt. In den Novellen von Boccaccio ist ebenfalls von einem Gebrauch durch junge Liebende die Rede, die ihren Auserwählten ein Sträußchen dieser Blumen überreichten, im Wissen, dass die diabolische Pflanze ihre Liebe begünstigen würde: Aufgrund des Aromas, das die Pflanze verströmt, wären die Burschen Opfer der Verführung geworden.«

Elena Salmistraro

Domiflora und *Elestera*, 2022

– *Domiflora* –

Elena Salmistraro ist eine sehr geschickte Designerin, die in ihren Werken grafische Gestaltung und Produktdesign verbindet. Bei dieser Arbeit handelt es sich nicht um ein Herbarium im engeren Sinn – es besteht nur aus zwei Tafeln –, sondern vielmehr um eine fantastische und personalisierte florale Hommage, die Veranschaulichung einer Gestaltungsmethode. Die beiden erfundenen Blumen entstehen eigentlich aus der Verbindung verschiedener botanischer Elemente, die sich auf tatsächlich existierende Arten zurückführen lassen. Wie so oft im Designprozess ist es die Zusammenstellung der einzelnen Elemente gemäß einer neuartigen Vision, die das Gesamtwerk ausmacht. Die Übertragung der Einzelelemente und deren Vereinigung machen das Endergebnis so besonders.

– Elestera –

Diese Gruppe von Herbarien zeichnet sich in erster Linie durch den grafischen Erfindungsreichtum in der Darstellung der Pflanzen aus. In klassischen Herbarien legte man stets Wert auf eine möglichst große Übereinstimmung mit dem realen Erscheinungsbild der Pflanzen, wohingegen die hier gezeigten Beispiele oft das Ergebnis der grafischen Vision der Verfassenden sind. Die abgebildeten Pflanzen basieren dennoch fast immer auf realen Gewächsen, auch wenn sie in einigen Fällen auf Mischungen und Hybridformen beruhen.

Der elegante Stil und die Wahl der Farbpalette charakterisieren diese Herbarien und spiegeln auch deren geografische und kulturelle Herkunft vom Okzident bis zum Orient wider. Oft sind die Proportionen zwischen der Pflanze und ihren Details nicht ganz naturalistisch; ein Hinweis darauf, dass das Hauptaugenmerk bei der Darstellung nicht auf der Treue dem Original gegenüber liegt. Bisweilen gesellt sich zu der botanischen Zeichnung eine Form der Kalligrafie, in der sich Illustration und beschreibender Text oder Name der Art vereinen.

Pedanios Dioskurides

De materia medica, 12. Jahrhundert

Das Manuskript basiert auf einem Original in griechischer Sprache aus dem 1. Jahrhundert n. Chr., das im 12. Jahrhundert aus dem Persischen ins Arabische übersetzt wurde. Die hier gezeigten Tafeln [fol. 26 u. fol. 151v] stammen aus einer Handschrift, die um 1889/90 von Mīrzâ Bâqir in Teheran oder Maschhad kopiert und illustriert wurde. New York, The New York Public Library, Spencer Collection, Persian Ms. 39

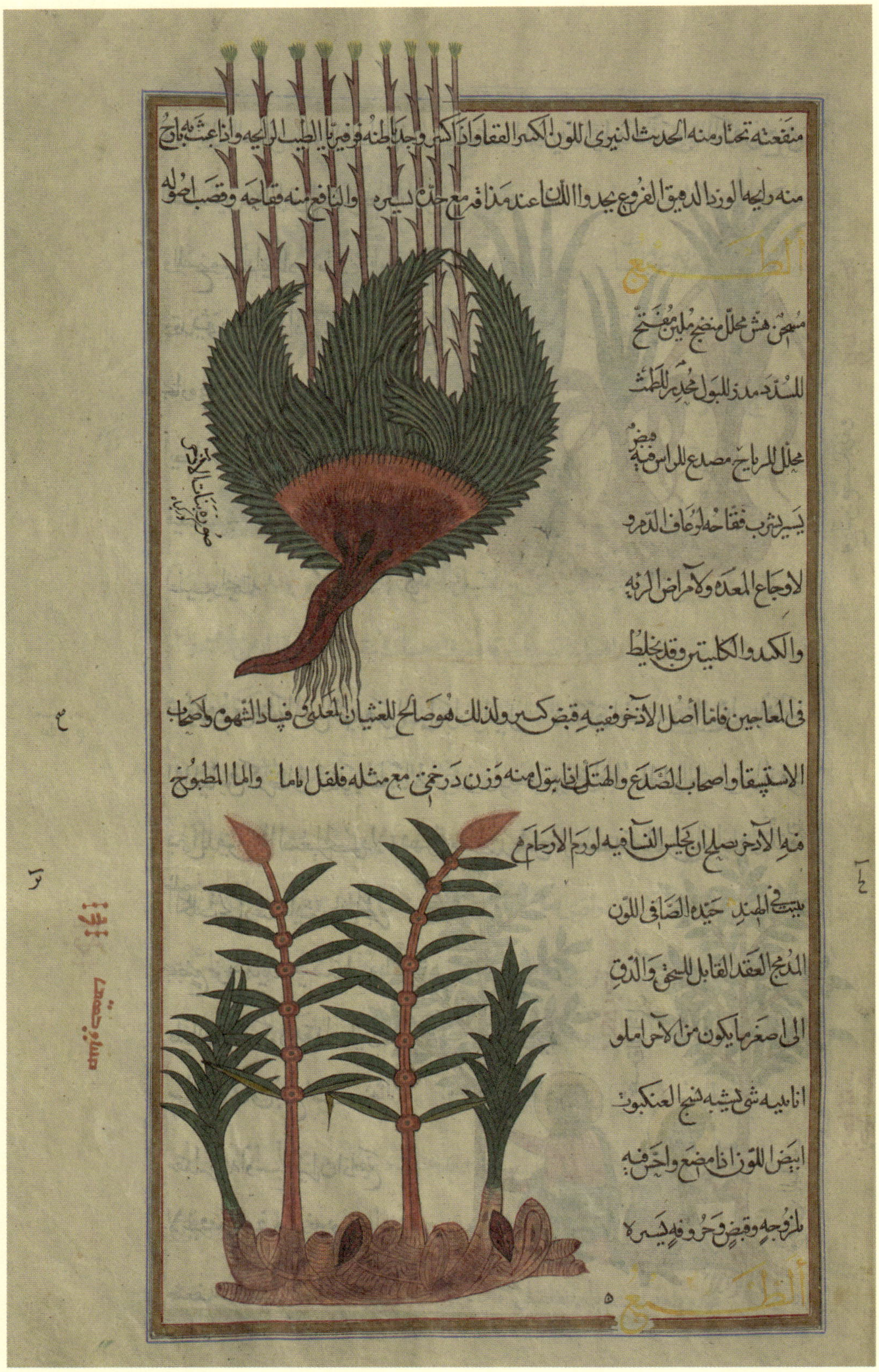

Der in der antiken Stadt Anazarbos geborene Pedanios Dioskurides war ein griechischer Botaniker und Arzt, der höchstwahrscheinlich unter den Kaisern Nero und Claudius lebte und für sein Traktat zu Medizinalpflanzen Bekanntheit erlangte. Mehrere Jahrhunderte lang galt dieses Werk als zuverlässigste und am häufigsten verwendete Quelle zu den medizinischen Eigenschaften von Pflanzen, und dank zahlreicher Übersetzungen ins Arabische und ins Indische breitete sich sein Ruhm in der gesamten westlichen und östlichen Welt aus. In einer dieser orientalisch-islamischen Versionen steht die grafische Gestaltung im Mittelpunkt. Hier vereinen sich Kalligrafie und Illustrationen auf wunderbare Art. Oft scheinen die Teile der Pflanzen mit den Buchstaben zu verschmelzen und ein botanisches Gesamtkunstwerk zu erschaffen, in dem keine Unterscheidung zwischen Text und Bild mehr nötig ist.

بالمذاق لانه اذا دنق لذع اللسان بقوه ويبقى اذى لذعه زمانا طويلا وا الفربيون يعين كل ما قرب منه فاما

وجود الفربيون ومعرفة فكان في زمان الملك انواماس لبن الفربيون محلل مبرد للماء النازل في العين

اذا اكتحل به بل مات في العينين التهابا جميع ذلك اليوم وقد يخلط بالعسل وبالاشيافات المحدة للبصر ويسكن

اوجاع عرق النسا اذا خلط بالافاويه وشرب وقد يقلع القشر من العظام في يومه وينبغي لمستعمله ان يحذر لان لا تقلع

اللحم الذي حوالي العظم بان يلف فيه في الفتايل او بالفتيلة وطى وزعم بعض الناس انه ردى للسع الهوام وان سوحلد الانسان

حتى يبلغ العظم ويدخل في الجراح او فربيون مسحوق ويحط الجراحة ادملها كالاناي

هو الحلتيتا العفنه وقد يعل بالقنا وبالعادرد وهو لبن الشك الحلقي الذي يكون بسوريا ويسمى ميطوفيون

اجودها ما اشبه اللبان الصافي الدهن النقيه من الخشب والعيدان العريه المخلوط بها شي من بزرها وعدان

سبحيتها وهيسيها المارحه الريح المعتدله بين الرطوبه واليبوسه عند الحس وقد يعش بالزراويح والعلمونا

ويدهق الباقلى وبالوشق مسخن محرق جاذب محلل اذا حرى بها تحت الامراه او تحملت بها في الفتل

احدرت الاجنه والطمث واذا خلطت مع الخل والبورق قلعت الآثار العدسيه طلاء وقد ينفع للسعال

العتيق ولسو السقيق وعسره وللربو وللصدع والفتق ويقاوم من شرب السم اذا اسقيت مع

الشاب

Herbarium aus Trient

15. Jahrhundert

Trient, Castello del Buonconsiglio, Ms. 1591

Der handgeschriebene Kodex wurde im letzten Viertel des 15. Jahrhunderts von nicht näher identifizierten »Künstlern einer venezianischen Werkstatt« verfasst. Auf 86 Blättern werden sowohl reale Pflanzen (von denen einige schon ausgestorben sind und deshalb besonders interessant für die Pflanzenhistorie sind) als auch erfundene Pflanzen gezeigt, meist in Kombination mit tierischen oder menschlichen Spezies – eine seit dem Mittelalter übliche Praxis, reale Fakten und magischen Aberglauben zu verbinden. Besonders außergewöhnlich ist die grafische Aufteilung der Seiten, da der Text oftmals die zentrale Darstellung umfließt.

Die grob skizzierten und dann kolorierten Pflanzen sind von Beschreibungen in bizarren magischen und kabbalistischen Formeln umgeben, die sich mit Zitaten aus den Evangelien und Gebeten in Vulgärlatein sowie dialektalen Ausdrücken abwechseln.

Lunaria maçor

quando la luna e pi
ena per che elli troua
no tute le fiore per
fare el loro lauoriero
Ancora sapie chela
lunaria maçor ha
hodore de muschio fi
no e sapi che de note
quel fiore dela çima
dela dita erba luxe de
note :·:
Nasse i mõti altissimi :·:

Mondragola femina

Se vna dona non
potesse aver fiolli Re
cipe tuta q̄sta herba
çoe fiori e semençe e
foie e fusti e radixe
Puo pestalo molto
bene e quãdo sera
molto ben polueri
çada ī corporalo

con mielle amodo de
lectuario Efa chela
dona vxa de questo
lectuario damatina
a stomego deçuno
·xl· di et vxa con el
suo marido al suo
piaquimento Et ı
quello tempo elchon

sanguinaria maçore

Questa erba sie bo
na astagnare sãgue
ĩ le feride et/asaldarle
essi cura tute le ulçe
re antige Ancora

el suo sugo uale a
temperare uno fero
la qual tẽpera sera
tãto taiente ch ne
suno nõ el poria t
credere Nasse ĩ luo
gi petrosi et/oschuri

Tractatus de Herbis

um 1440

London, British Library, Ms.Sloane 4016

Nach Jahrhunderten, in denen sich in Herbarien die schriftliche Beschreibung zur Pflanzenheilkunde und die grafischen Darstellungen in etwa die Waage hielten, nahmen ab dem Spätmittelalter und der Renaissance die auf Illustrationen basierenden Traktate eindeutig Überhand. Dadurch sollten Manuskripte wohl leichter verständlich sein, unabhängig von Kultur und Sprache der Nutzenden, vor allem im Hinblick auf eine Verbreitung im Orient.

Das Traktat, ein Werk italienischer Künstler, verdeutlicht besonders gut das Ziel, die Eigenschaft der Pflanze im Bild wiederzugeben, nicht nur durch eine möglichst detailgetreue und verständliche Darstellung, sondern auch durch die Verbindung mit der Tierwelt. Diese dient sowohl als Hinweis auf eine Quelle für Wirkstoffe, die Heilung begünstigen, als auch als Anregung zur Pflege der Pflanzen selbst. Hinzu treten Szenen aus dem Klosterleben, die Methoden zur Kultivierung zeigen.

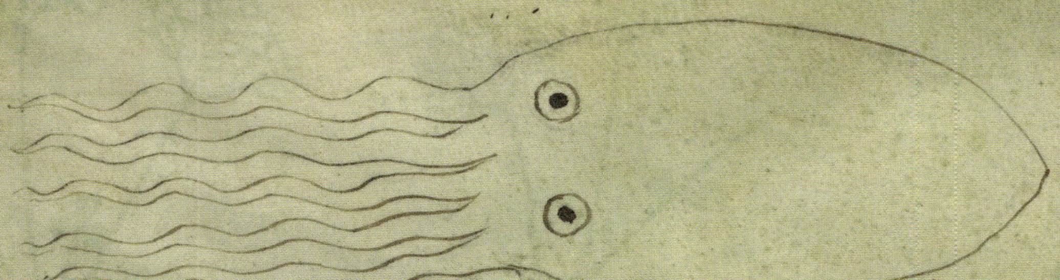

. Serpens .

Serpillum alio nomine.
gigos aut meru. a rustico
rustico . i agromena . i ytaliei
lectri . i i abscescella . appellatur.

Giovanni Cadamosto da Lodi

Illustriertes Herbarium, um 1475–1527

London, British Library, Ms. Harley 3736

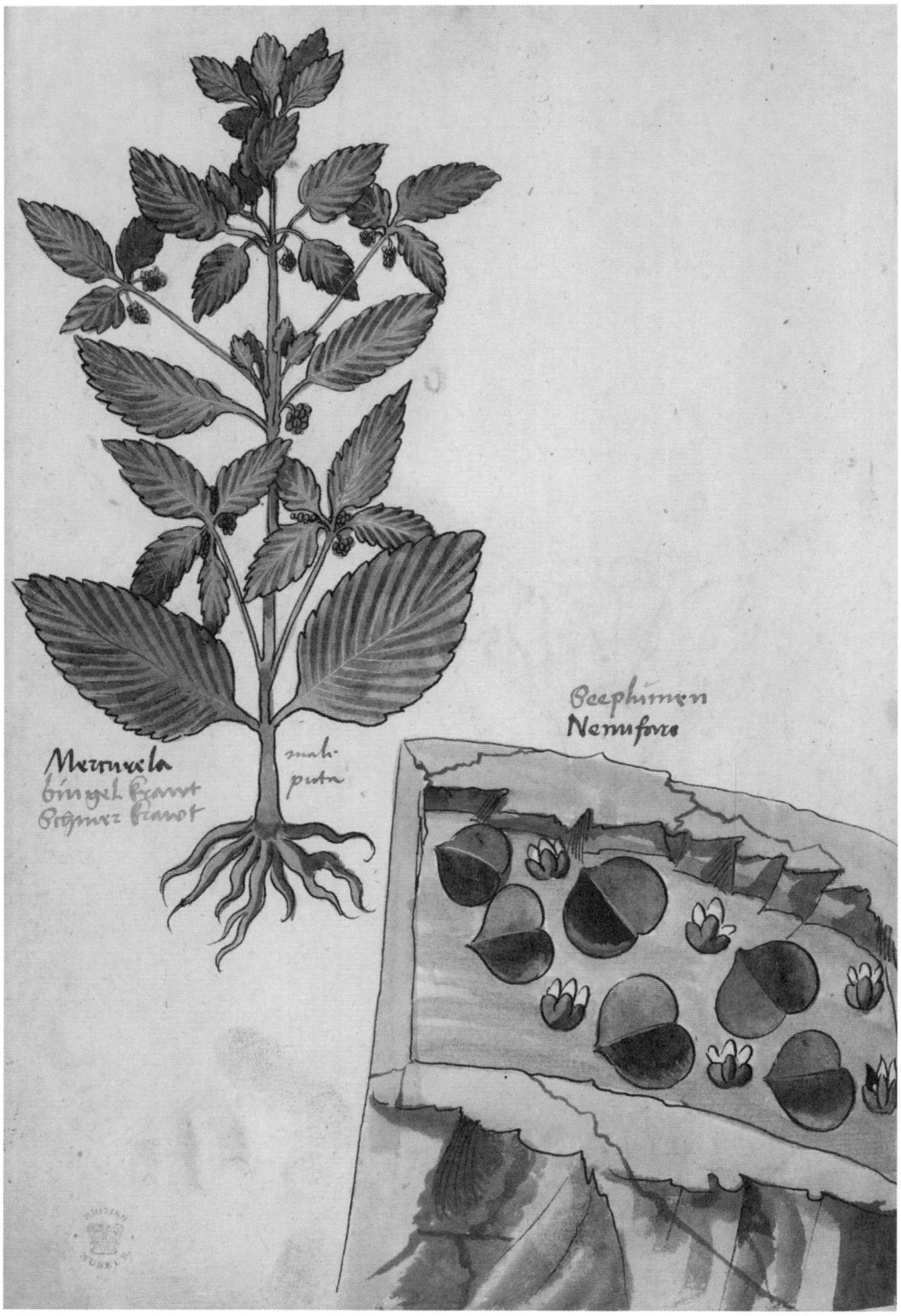

Dieses Herbarium zeichnet sich dadurch aus, dass nicht nur die Pflanze beschrieben wird, sondern auch der Ort, an dem sie zu finden ist. Meistens dienten Herbarien der Klassifizierung botanischer Arten, die gepflückt, getrocknet und schließlich zwischen Papierseiten aufbewahrt wurden. Sie wurden idealerweise auf einem neutralen Hintergrund, also der weißen Seite, präsentiert und sind höchstens noch mit einem Text versehen.

Cadamosto da Lodi hingegen ersann eine Darstellungsformel, bei der die Pflanze so sehr vergrößert ist, dass ihre Einzelteile gut erkennbar sind. Daneben findet sich, nicht unbedingt in korrektem Maßstab, die Umgebung ihres Standortes, wodurch die Beschreibung ihres Habitats – unmittelbar durch die Zeichnung erkennbar und intuitiv erfassbar – zum wesentlichen und notwendigen Bestandteil des Wissens über die Pflanze wird.

59
Nigella
Mandragora

Capillo venere

Maurranty

Consolida minor

Brunella

Gorhgis

Cimballaria
Vmbricione Veneris
Colitidon

Sideri
tis

Centrogalli
Schartegia
Silvatica
Scharleza
Scharlach
ex voc Ger
manica

Mattheus Silvaticus in Pandectis
cap 639 de Sideritis id est Centrogalli
vbi etiam Gallitricum / pro centro gallo di
at Charta 205 col / Ipsum in lra G
refert Dioscor Gallitricum pro Capello veneris
et Plin lib 27 cap 5 ad finem etiam sangui
nolariam vel pes galli col de Callitrichon
et Polytrichon Barb in Corall ch 85 cap 749
de Gallitrico apud Arnoldum de Villanova
Memoriae sup disertatione aquae et liquidae

The Tudor Pattern Book

um 1520

Oxford,
University of Oxford,
Bodleian Library,
Ms. Ashmole 1504

Dieses Buch, das zum Teil Bestiarium, zum Teil Herbarium ist, stellt die Pflanzen nicht auf realistische Art und Weise dar, sondern vereinfacht, wobei die wichtigsten Elemente hervorgehoben sind. Was das Manuskript in seinem Genre jedoch tatsächlich einzigartig macht, ist die Zusammenstellung der Einzelelemente jeder Tafel.

Fast immer wird die Pflanze, nahezu in realer Größe, im oberen Teil der Tafel gezeigt, während im unteren Teil, in einer drastischen Veränderung der Proportionen, Figuren, Gegenstände und Landschaften dargestellt sind. Diese Elemente sollen wohl Informationen zum Herkunftsort der Pflanzen oder zu ihrer Einsatzmöglichkeit geben. Es handelt sich um eine Art intuitiver Beschreibung in Form von Bildern, die den Text ersetzt und so den Sinn auch für Leseunkundige verständlich macht.

Appel trye. bel.

Malwe. Mynte.

Aldir. Aspe.

Senkō Ikenobō

Rikka zu (Ikebana), 1673

Veröffentlicht 1673
in Kyoto
New York, The New
York Public Library,
Spencer Collection,
Sorimachi 316

Ikebana ist die alte Kunst des Arrangierens von Blumen, neben der Teezeremonie ein Grundstein der japanischen Kultur. Dieses Traktat illustriert die Lehre des Ikebana, also die Technik, durch das Zusammenstellen in einer Vase Harmonie zwischen Blättern, Blüten und Zweigen herzustellen. Der japanische Brauch, Pflanzen ins Zentrum der Aufmerksamkeit zu rücken, nahm seinen Anfang um 538, als chinesische Mönche den Buddhismus in Japan einführten. Diese Kunstform soll Ästhetik und Spiritualität miteinander vereinen.

Von den diversen Regeln und Schulen, die sich in der Geschichte des Ikebana ausgebildet haben, findet sich hier der Rikka genannte Stil des Meisters Ikenobō, der sich durch aufrechte Zweige und Blumen sowie eine unverkennbare Vertikalität auszeichnet. Anhand der Arrangements lässt sich – gleichsam als paralleler Subtext – eine Sammlung der in unterschiedlichen Epochen bekannten Pflanzen erstellen, die gewissermaßen den westlichen Herbarien entspricht.

同

周玉立之

Hortus Indicus Malabaricus

1678–1693

Die zwölf Bände wurden posthum in Amsterdam publiziert.

Die Geschichte dieses Buches handelt nicht nur von Botanik, sondern auch von Kolonisierung. Alles begann in Süd-West-Indien, in der Region Malabar, wo der holländische Gouverneur Hendrik van Rheede zwischen 1669 und 1676 das umfassende Projekt der Katalogisierung der gesamten lokalen Flora initiierte, um die Heilkräfte der Pflanzen zu untersuchen und somit tropische Krankheiten kurieren zu können. An der Spitze der Gruppe, die für das Sammeln und Auswählen der Pflanzen verantwortlich war, stand der ayurvedische Arzt Itty Achudan, der von dem Karmelitermönch Johannis Mathei unterstützt wurde. Dieser schuf die Stiche und realisierte damit eines der ersten interkulturellen botanischen Traktate der Geschichte, das aus zwölf Bänden mit circa 500 Seiten bestand.

Insgesamt dauerte es 15 Jahre bis zum Druck dieses Werks, das auch in der grafischen Darstellung eine Verschmelzung von europäischen und indischen Einflüssen erkennen lässt, in einer hybriden Ästhetik, die den Dialog zwischen den Kulturen eröffnet.

Schunda-pana. lat.
mal.
Arab.
bram
Fig. 11

1. Amba-paja. lat.
2. Papája. lat.
mal.
mal.
Arab.
Arab.
bram
bram
Fig. 15

ŌOKA SHUNBOKU

Minchô Shiken (Der Ming-Garten), 1746

1746 in Osaka veröffentlicht
New York, The New York Public Library, Spencer Collection, Somachi 409

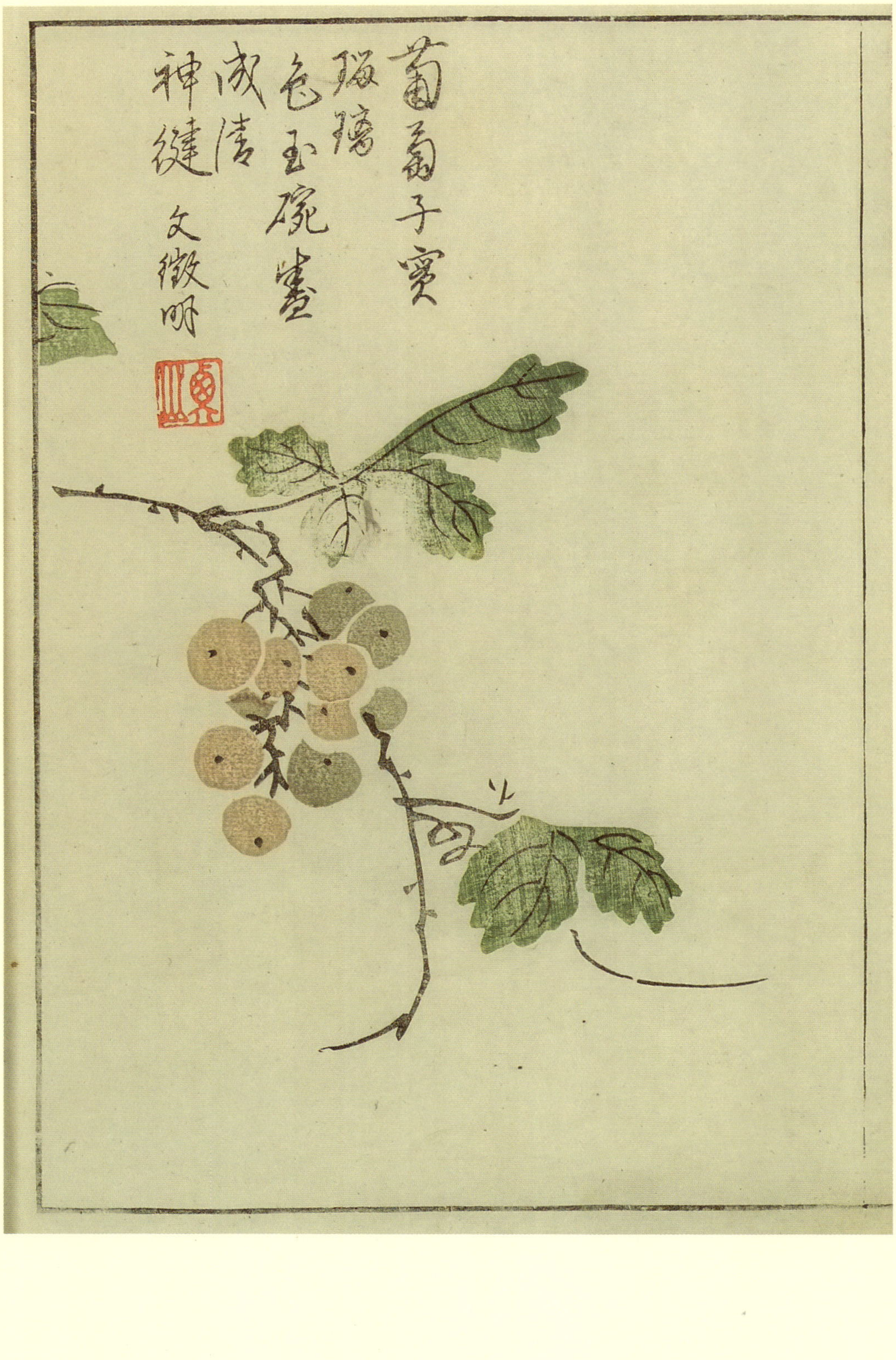

Dieses beeindruckende Werk, das von einem der Meister der japanischen Pflanzenillustrationen geschaffen wurde, zeichnet sich durch den charakteristischen Einsatz eines Tuschesteins aus und stammt aus der Ming-Zeit. Auf den Seiten dieses Traktates liegt der Schwerpunkt nicht auf der Katalogisierung der Arten, sondern vielmehr auf der virtuosen Strichführung und den lebendigen Farben. Auch die Anordnung der Illustrationen spricht für Intuition und Einfühlungsvermögen und spiegelt einen zeitlosen, fast schon zeitgenössischen Geschmack wider, nicht zuletzt dank der Überschriften, die eine Verbindung aus Kalligrafie und floralen Einfassungen darstellen. Die Illustrationen laufen häufig über eine Doppelseite, fast so als wären sie in Buchform gesammelte Zeichnungen.

明朝生動畫園卷上
生動

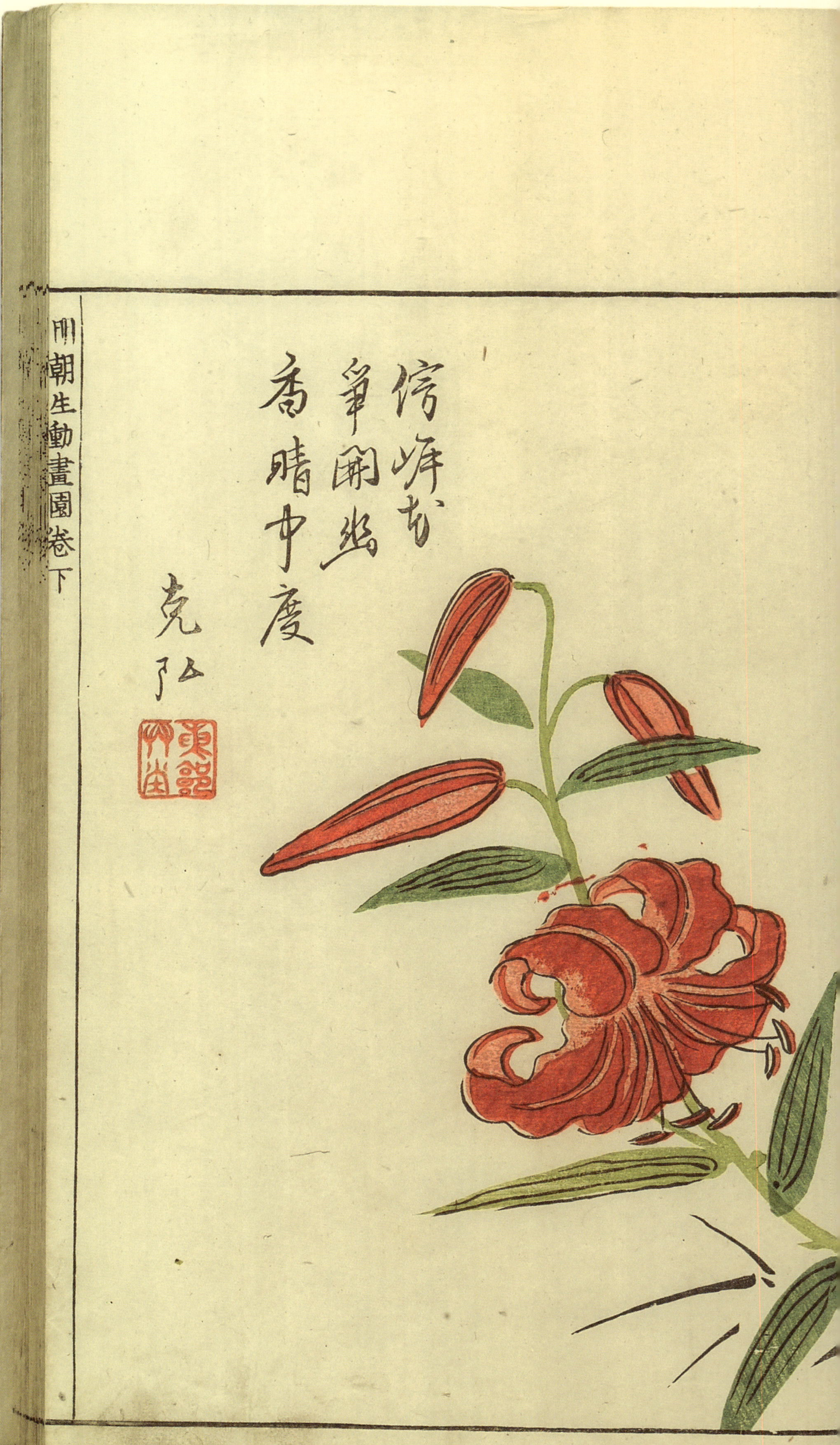
明朝生動畫園卷下

100

Seikei Zusetsu

(Enzyklopädie der japanischen Landwirtschaft), um 1793–1804

Leiden, Universiteit Leiden

Das *Seikei Zusetsu* ist eine reich illustrierte Enzyklopädie zur japanischen Landwirtschaft, die Ende des 18. Jahrhunderts von Shimazu Shigehide, dem Souverän von Satsuma, einer südlichen Provinz des alten Japan, in Auftrag gegeben wurde. Die Zusammenstellung des Werks dauerte mehr als zehn Jahre und etliche Agronomen und Botaniker waren daran beteiligt.

Ziel war es, Informationen bereitzustellen, um die landwirtschaftliche Produktion Japans zu verbessern. Ursprünglich handelte es sich um 100 Bände, 70 Holzdruckstöcke wurden jedoch bei zwei großen Bränden vernichtet, weshalb nur mehr 30 Bände veröffentlicht werden konnten. Diese behandelten 29 Gemüsesorten, von denen etwa die Hälfte noch heute angebaut wird. Die wunderschönen Tafeln können als gleichwertig gelten, sei es nun aufgrund des Reichtums an technischen Details zum Anbau, oder wegen der Qualität der Zeichnungen.

成形圖説巻之二十八
十二
蓮子
ハスノミ

Robert John Thornton

The Temple of Flora, 1807

Der Band ist der dritte und ehrgeizigste des Traktats *New Illustration of the Sexual System of Carolus von Linnaeus*, das ab 1799 in London von Robert John Thornton, dem jungen Vertreter einer wohlhabenden Familie, mit einer Vorliebe für Botanik, veröffentlicht wurde. Thornton verehrte Carl von Linné, und dieses Werk war seine Hommage an dessen Genie.

Das Hauptaugenmerk lag vor allem auf den Fortpflanzungsorganen der Pflanzen, die der große Botaniker untersucht hatte. Die opulenten kolorierten Kupferstiche, mit der fortschrittlichsten Technologie der Zeit ausgeführt, trieben den Herausgeber buchstäblich in den Ruin, und der Verfasser war gezwungen, sein privates Erbe zu investieren, um das Unternehmen zu vollenden. Doch selbst das reichte nicht aus und das Werk blieb zum Teil unvollendet. Es ist jedoch eine der herausragendsten Sammlungen von Pflanzendrucken.

Henderson pinx.t

The Queen.

R. Cooper sculp.t

London; Published Feb.y 1, 1804, by Dr. Thornton.

Reinagle pinx.t Earlom sculp.t

Tulips

London, Published May 1.1798, by Dr. Thornton.

Reinagle pinx.t Stadler sculp.t

Large Flowering Sensitive Plant

London, Published Dec.r 1. 1799, by Dr. Thornton.

Charles Rennie Mackintosh

Blumen, 1905–1916

Studie von Rhododendron, 1915
Aquarell auf Papier
Privatsammlung

Gegenüber
Kaktusblüte, 1915
Aquarell auf Papier
Sheffield, Sheffield Museum

Folgende Seiten
Rose, 1905
Aquarell auf Papier
Glasgow, Glasgow Museums

Petunie, 1916
Aquarell und Gouache auf Papier
Detroit, Detroit Institute of Arts

Das Werk des großen schottischen Architekten Charles Rennie Mackintosh umfasst auch eine beträchtliche Anzahl an Aquarellen, die der Pflanzenwelt gewidmet sind. Seinen Biografen zufolge kam er mit einer angeborenen Missbildung eines Fußes zur Welt; als er ein Kind war, setzte ihn seine Mutter mit Papier und Stiften ausgestattet in eine Blumenwiese. Das Gras und dessen Schätze boten ihm wunderbare Motive für seine ersten Zeichnungen. Diese Leidenschaft und Art des Naturstudiums entsprach durchaus der weit verbreiteten botanischen Kunst im damaligen England.

Das Herbarium von Mackintosh steht auch noch für eine weitere Vorliebe, nämlich jene für japanische Druckgrafik, deren Proportionen er ebenso studierte wie die Strichführung und die Fähigkeit, Dynamik ohne den Einsatz von Perspektive zu erschaffen. Die Blumenmotive in seinen Einrichtungsgegenständen sind ein weiterer Beweis für sein Interesse an der Botanik, das ihn sein ganzes Leben lang begleiten sollte.

CACTUS
WALBERSWICK
1 9 1 5
CRM
MMM

Julie De Graag

Blumen, um 1920

Farne, 1920
Holzsschnitt
Amsterdam,
Rijksmuseum

Gegenüber
Chrysanthemen,
um 1920
Aquarellierte
Zeichnung
Amsterdam,
Rijksmuseum

Folgende Seiten
Godetia, 1919
Kolorierter
Holzschnitt
Amsterdam,
Rijksmuseum

Juni, 1918
Kolorierter
Holzschnitt
Amsterdam,
Rijksmuseum

Julie de Graag war eine holländische Künstlerin, die an der Königliche Akademie der Bildenden Künste in Den Haag studiert hatte. 1904 zog sie in den Norden Hollands, wo sie vom Maler Bart van der Leck beeinflusst wurde, einem der zukünftigen Protagonisten der avantgardistischen Kunstrichtung De Stijl. Ihre Strichführung wurde in der Folge stilisierter. Diese Sammlung von botanischen Darstellungen spiegelt genau diesen Übergang zu einer nüchterneren und geometrischeren Ästhetik wider, die in mancherlei Hinsicht einem weit verbreiteten Phänomen des Art déco zuzuschreiben ist, aber auch einer Hinwendung zur Abstraktion der internationalen künstlerischen Avantgarde. Das Werk von Graag wurde 1908 bei einem Brand in ihrem Haus größtenteils zerstört, weshalb diese Sammlung zum Thema Botanik als Rarität eines außergewöhnlichen künstlerischen Talents gelten kann, das noch viel zu wenig bekannt ist.

A.J.D.G.
1913

1918 JUNI
A.J.D.G.

Lore Kutschera & Erwin Lichtenegger

Wurzelsysteme, 1982–2002

Der in der Universität Wageningen, Niederlande, aufbewahrte Werkkörper umfasst 1180 Zeichnungen.

Agrostis tenuis
aus: Lore Kutschera und Erwin Lichtenegger, *Wurzelatlas mitteleuropäischer Grünlandpflanzen*, Bd. 1 *Monocotyledonae*, Stuttgart 1982

Gegenüber
Acer platanoides
aus: Lore Kutschera und Erwin Lichtenegger, *Wurzelatlas mitteleuropäischer Waldbäume und Sträucher*, Graz 2002

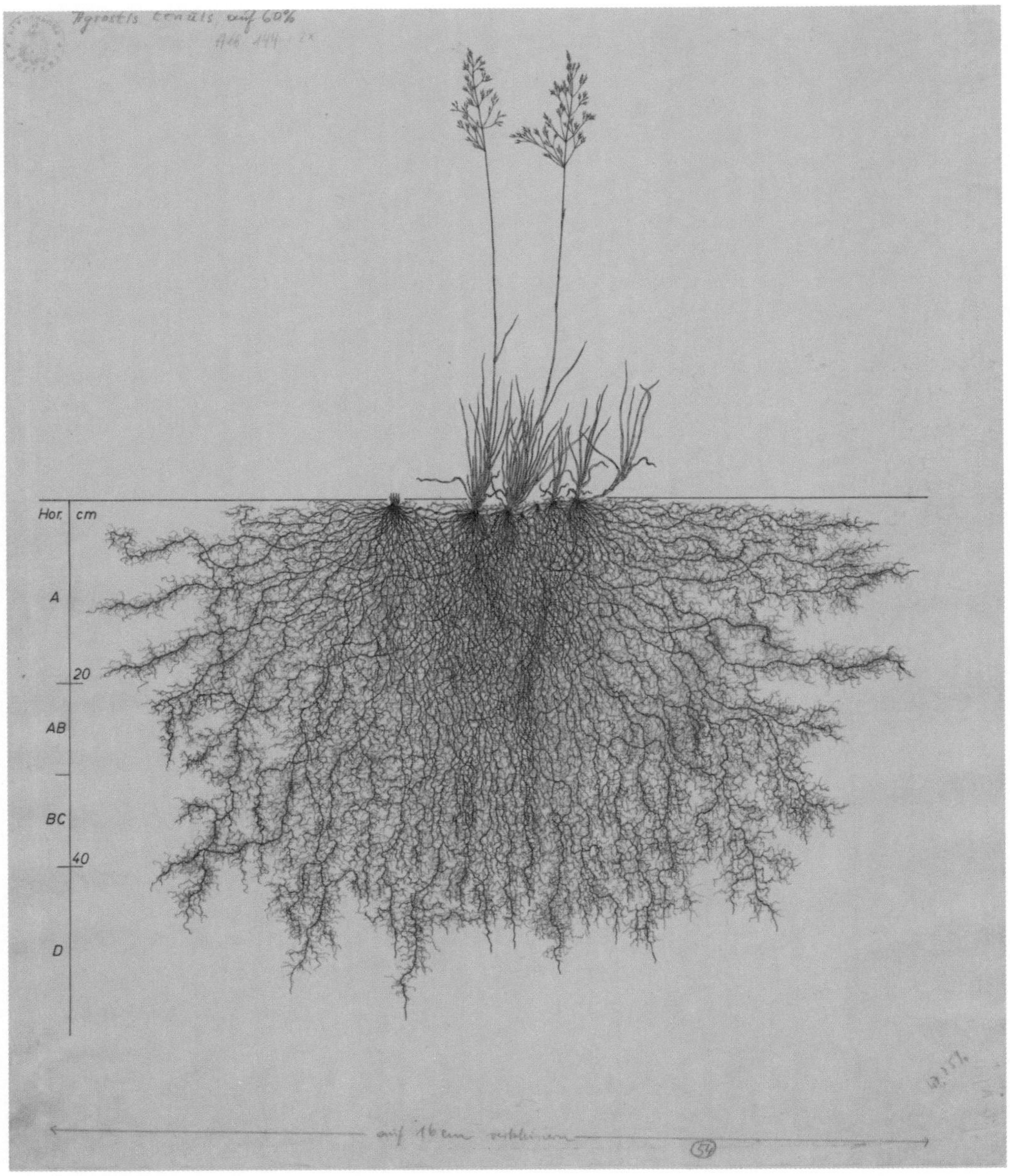

In Herbarien und botanischen Pflanzentraktaten findet für gewöhnlich nur der sichtbare Teil einer Pflanze Beachtung. Doch das Wissen über die Gestalt der Wurzeln und deren räumliche Ausdehnung bei diversen Pflanzenarten trägt wiederum zum Wissen über ihre Wachstumsbedingungen bei.

Die mehr als 1000 Zeichnungen dieser Sammlung wurden im Laufe von mehr als 40 Jahren von Professor Erwin Lichtenegger von der Universität Wageningen und Doktor Lore Kutschera, Leiterin des Pflanzensoziologischen Instituts in Klagenfurt, angefertigt.

Diese Arbeiten decken nicht nur eine große Artenvielfalt ab, die von landwirtschaftlichen Nutzpflanzen bis hin zu parasitären Unkräutern reicht, sondern auch Orchideen, Sträucher und verschiedene alpine Bäume umfasst. Die Zeichnungen geben auch die Wurzelsysteme der einzelnen Arten wieder, sorgfältig von ihrer Umgebung isoliert und bis ins kleinste Detail wiedergegeben. Sie sind nicht nur ein Beleg für die Schönheit der unterirdischen Pflanzenwelt, sondern heben auch deren wissenschaftliche Bedeutung hervor.

Hor. cm
A
AC
C_v
150
$C_{grel.}$
150 cm

Herbarien in Mischtechniken

Grundlage der meisten Herbarien ist der Wunsch, Pflanzen zu beschreiben und sie naturgetreu wiederzugeben. Doch mit der Entwicklung von Fotografie, Seriendruck und der Technik der Collage trat die akribische Übereinstimmung mit dem Original in den Hintergrund. In der Folge wurden in den Darstellungstechniken andere Wege eingeschlagen, unter anderem mit einer stärker künstlerisch geprägten Form der Fotografie. In diesen Sammlungen sind die Materialien bisweilen variantenreicher und es kommen verschiedenste Techniken zum Einsatz, was der aktuellen Vorstellung von Multimedialität näherkommt.

Die Besonderheit dieser Kompendien liegt darin, dass sie oftmals ganz ungeplant zu Herbarien wurden und eine spannende Geschichte der Botanik erzählen, sei es nun aufgrund des gewählten Ansatzes ihrer Autorinnen und Autoren oder ihrer Experimentierfreudigkeit mit Materialien und Techniken.

Diese Verzeichnisse, die sich nicht rein auf Bücher aus Papier beschränken, werden zu Quellen für die Realisierung von dekorativen Mustern, Tapeten, Spielen oder experimentellen Fotografien. Daraus ergeben sich zwei Tendenzen, die parallel zueinander verlaufen: Zunächst die Präsentation des botanischen Inhalts, dann aber auch die Transformation durch den Einsatz verschiedener Techniken, die nicht nur der umfassenden Recherche dienen, sondern auch bisweilen völlig unerwartete Kombinationen hervorbringen.

William Henry Fox Talbot

Fotogenische Zeichnungen, 1839–1846

Blatt einer Pflanze, 1844
New York, The Metropolitan Museum of Art

Gegenüber
Asplenium Halleri, Grande Chartreuse 1821 - Cardamine Pratensis, 1839
Los Angeles, J. Paul Getty Museum

Folgende Seiten
Stängel mit zarten Blättern eines Doldenblütlers, um 1843–1846
Los Angeles, J. Paul Getty Museum

Bromus Maximus, Genoa, 1839
New York, The Metropolitan Museum of Art

Vor der endgültigen Entdeckung der Fotografie wurden verschiedene »fotografische« Versuche und etliche, meist sehr komplexe Methoden ausprobiert. Darunter auch die Experimente des Briten William Henry Fox Talbot, dem es, noch vor Daguerre, gelang, mithilfe von Licht Zeichen auf Papier zu übertragen. Er präparierte Schreibpapier mit einer Lösung aus Kochsalz und Silbernitrat, wodurch es lichtempfindlich wurde. Dann legte er eine Auswahl von Pflanzenblättern für einige Zeit auf das Papier. Das Ergebnis war eine Negativzeichnung des Blattes, die nicht von Hand entstanden war, sondern durch die Lichteinwirkung und die chemische Reaktion der Wirkstoffe.

Als Resultat entstand ein ganz eigenes Herbarium, das nicht dazu gedacht war, Pflanzenarten zu katalogisieren, sondern schlussendlich zu einer botanischen Sammlung wurde, gestaltet mit einer Technik, die bald zu den modernsten der Welt gehören sollte: der Fotografie.

Bromus scaberrimus

Anna Atkins

Cyanotypien, 1843–1853

Asplenium Marinum
aus: *Cyanotypes of British and Foreign Ferns,* 1853
Amsterdam, Rijksmuseum

Gegenüber
Enteromorpha Intestinalis
aus: *Photographs of British Algae: Cyanotype Impressions,* Bd. III, 1843
New York, The New York Public Library

Folgende Seiten
Ulva Latissima
aus: *Photographs of British Algae: Cyanotype Impressions,* Bd. III, 1843
New York, The New York Public Library

Zygnema Deciminum
aus: *Photographs of British Algae: Cyanotype Impressions,* Bd. III, 1843
New York, The New York Public Library

Anna Atkins war eine Wissenschaftlerin, die ihre botanische Leidenschaft mit jener für die Fotografie verband. Nachdem sie etwa zehn Jahre lang englische Algen katalogisiert hatte, schuf sie ein Werk mit deren fotografischen Abdrucken (*Photographs of British Algae: Cyanotype Impressions*, 1843). Kurze Zeit später nutzte sie die gleiche Technik fotografischer Drucke, als Cyanotypie bekannt, um gemeinsam mit ihrer besten Freundin Anne Dixon, die ihre Interessen teilte, ein Herbarium der verschiedenen Farne zu erstellen (*Cyanotypes of British and Foreign Ferns*, 1853). Auf den Seiten dieser Sammlung beeindruckt der Einsatz der Cyanotypie ebenso, wie die Klassifizierung der unterschiedlichen Farnarten. Das Layout beider Alben folgt dabei immer dem gleichen Schema: Im Zentrum steht die Pflanze, darunter die, durch den Einsatz einer opaken Tinte ebenfalls »negativ« gedruckte Bildunterschrift – mittig bei den Algen, links bei den Farnen.

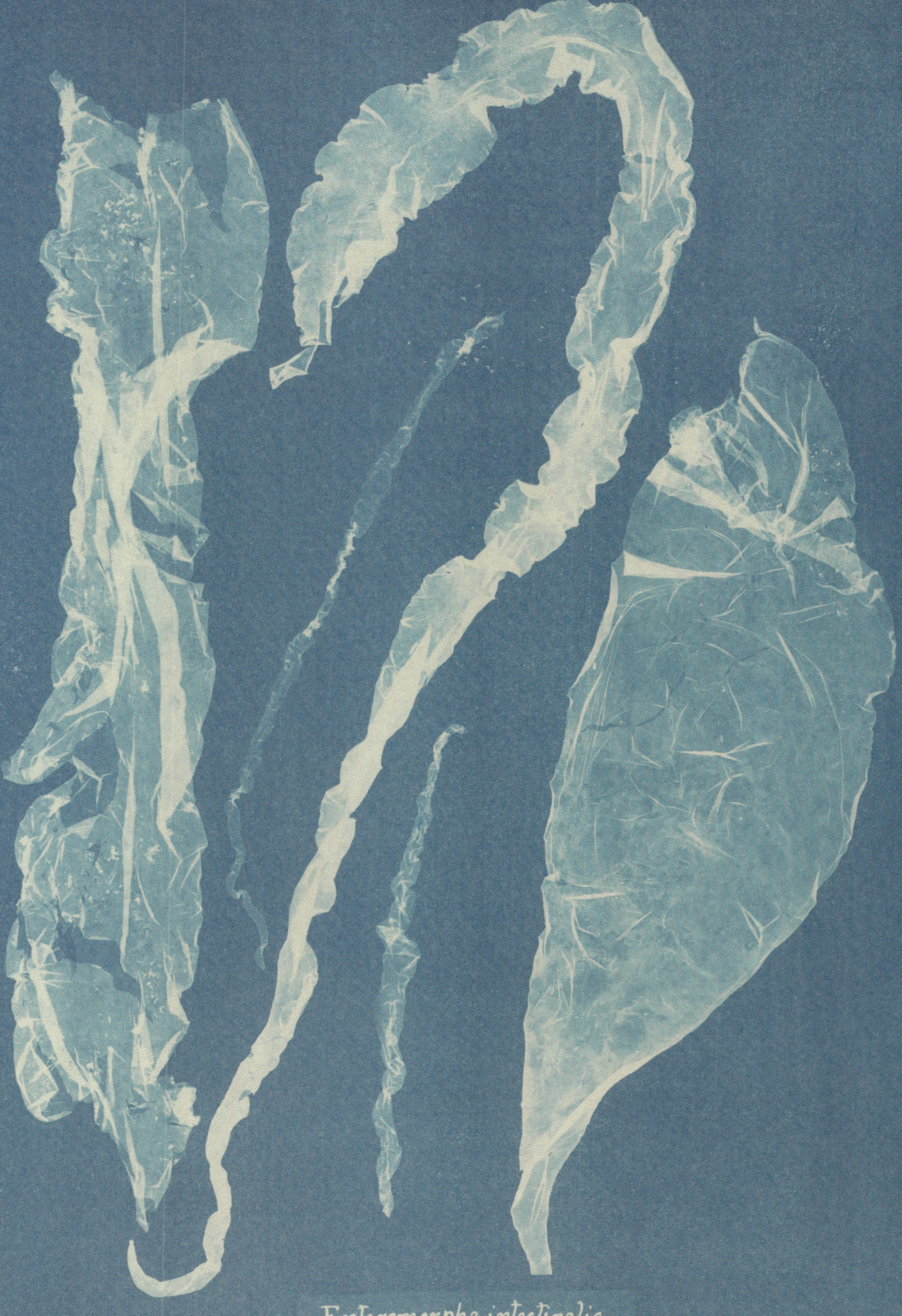

Enteromorpha intestinalis.

Ulva latissima.

Zygnema deciminum.

Eliza A. Jordson

Album of Seaweed Pictures, 1848

Algen auf Papier geklebt und mit Spitzenarbeit umfasst. New York, Brooklyn Museum Libraries

»Herbarien«, die aus zu Mustern arrangierten Meeresalgen bestehen, erfreuten sich besonders im 19. Jahrhundert einer überraschenden Beliebtheit. Diese von Eliza A. Jordson erstellte Sammlung weist als Rahmung bestickte Spitzendeckchen auf, die der Darstellung ein romantisches Flair verleihen.

Der Text umfasst, neben den verschiedenen Algenarten, auch einen Essay über die Methode der Übertragung der Algen auf Papier sowie ein ihnen gewidmetes Gedicht:

Ah! call us not weeds / We are flowers of the sea / For lovely and bright / And gay tinted are we / We are quite independent / Of culture and showers / Then call us not weeds / We are oceans's gay flowers.

(Ah, nennt uns nicht Unkraut / Wir sind Blumen der See / Denn lieblich und strahlend sind wir / Und bunt gefärbt / Wir sind recht unabhängig / von Kultur und Schauern / Darum nennt uns nicht Unkraut / Wir sind die fröhlichen Blumen der Meere.)

William Morris

Motive für Bezugstoffe, 1876–1883

Kennet, 1883
gedruckt um 1920
Baumwolle
Cleveland, The Cleveland Museum of Art

Gegenüber
Honeysuckle, 1876
gedruckt Anfang des 20. Jahrhunderts
Leinen
Cleveland, The Cleveland Museum of Art

Der Künstler und Architekt William Morris, einer der Begründer der Art-and-Crafts-Bewegung, gehört auch zu den wichtigsten Kunsttheoretikern des 19. Jahrhunderts. Er war ein Gegner der industriellen Massenproduktion und trat für die Rückbesinnung auf die handwerkliche Tradition der vortechnologischen Arbeitswelt ein, vor allem des Mittelalters und der Renaissance, deren Kunst und Produktionstechniken er studierte. Für seine Stoffe und Tapeten benutzte er zum Beispiel natürliche Farben und Verfahren, die er in einem Buch aus dem 16. Jahrhundert entdeckt hatte.

Seine Muster weisen Kompositionen auf, die auf eine Reproduzierbarkeit ausgerichtet sind, allerdings im kunsthandwerklichen Stil, und die mit realistischen Details der Pflanzenspezies gestaltet sind. Seine schönsten Textilien zieren Motive, die aus mittelalterlichen Herbarien stammen und die er mit romantischem Feingefühl umsetzte; so gelang es ihm, seine Begeisterung für die Vergangenheit mit jener für die Natur zu vereinen – beides in eklatantem Gegensatz zu jener Standardisierung, die er der industriellen Herstellung vorwarf.

Veröffentlicht in
Paris, 1896
New York, The New
York Public Library

Iris

Gegenüber
Cyclamen

Eugène Grasset

La plante et ses applications ornementales, 1896

Der Schweizer Künstler Grasset gehört zu den berühmtesten Vertretern des Jugendstils, vor allem in der grafischen und angewandten Kunst. Sein Werk trug wesentlich zur Definition der Ästhetik der Bewegung bei – durch geschwungenen Linien und organische, von der Natur inspirierte Formen, aber auch aufgrund seines Interesses für orientalische Drucke, von denen er Farbgebung, Linien und Technik übernahm. Diese Sammlung umfasst 72 Tafeln, die vom Geist der zeitgenössischen angewandten Kunst durchdrungen sind; sie offenbaren, wie aus Pflanzen oder Blumen herrliche Muster abgeleitet werden können. Für die Präsentation übernahm Grasset die Seitengestaltung »botanischer Tafeln«, die an die Systematik eines Herbariums erinnert, aber weniger der Klassifizierung der Pflanzen dient, als vielmehr ihrer dekorativen Nutzung für Gegenstände und Textilien, um so neue Materialien zu erschließen.

PL. 23.

CYCLAMEN

CYCLAMEN

Die ERDSCHEIBE

Ogawa Kazumasa

Some Japanese Flowers, 1896

Hærdaceous Pæony
Los Angeles,
J. Paul Getty Museum

Gegenüber
Lily
Los Angeles,
J. Paul Getty Museum

Folgende Seiten
Hærdaceous Pæony
Los Angeles,
J. Paul Getty Museum

Asa-dsuma-bune
Los Angeles,
J. Paul Getty Museum

Ogawa Kazumasa war ein japanischer Fotograf, Drucker und Herausgeber, der für seine bahnbrechenden Arbeiten im Bereich des fotomechanischen Drucks und der von Hand kolorierten Fotografien bekannt ist, wie jenen, die sich in diesem Herbarium finden. Mit 15 Jahren begann er mit dem Studium der Fotografie, zog mit 20 nach Tokio, um seine Studien fortzuführen und besser Englisch zu lernen, und ging später in die USA, wo er sich die neuesten Techniken auf dem Gebiet der Fotografie aneignete. 1884 wieder zurück in der alten Heimat, eröffnete Ogawa ein Fotoatelier in Tokio und gründete 1888 ein Unternehmen, das Trockenplatten herstellte, und im Jahr darauf den ersten Betrieb für Lichtdruck, eine komplexe Technologie, die er in Amerika kennengelernt hatte.

Da es zu jener Zeit noch keinen Farbfilm gab, gelang es Kazumasa durch die Technik der Handkolorierung seinen Arbeiten größte Schönheit und Wahrhaftigkeit zu verleihen.

Karl Blossfeldt

Blumen, 1898–1932

Saxifraga wilkommiana [Willkom's Saxifrage. Rosette of Leaves Enlarged 10 Times], 1898–1928
Silbergelatineabzug
New York, The Museum of Modern Art

Gegenüber
Passiflora [Passionflower, enlarged 4 times], 1898–1932
Silbergelatineabzug
New York, The Museum of Modern Art

Folgende Seiten
Hordeum distichum, 1898–1932
Silbergelatineabzug
New York, The Museum of Modern Art

Nigella Damascena Spinnenkopf, um 1932
Abzug von 1976
Silbergelatineabzug
New York, The Metropolitan Museum of Art

Karl Blossfeldt studierte in seiner Jugend an der Unterrichtsanstalt des Berliner Kunstgewerbemuseums und zog dann 1890 nach Rom, wo er Abgüsse botanischer Motive fotografierte. Nach Berlin zurückgekehrt begann er zu unterrichten und nutzte eine selbstgebaute Kamera mit speziell angefertigten Linsen zur Vergrößerung, um detaillierte Aufnahmen zu machen und seinen Studierenden damit Modelle von Formen aus der Natur sowie Details, die mit bloßem Auge schwer zu erkennen waren, zeigen zu können. Diese Aufnahmen, die zu Blossfeldts Stilmerkmal werden sollten, wurden zu einer wichtigen Referenz für das Studium der Botanik. 1928 veröffentlichte Karl Blossfeldt mit *Urformen der Kunst* seinen ersten Bildband; 1932, kurz vor seinem Tod, folgte *Wundergarten der Natur*. Die Tafeln zeigen außergewöhnliche, äußerst detaillierte Pflanzenfotografien, mit Abbildungen wie unter dem Mikroskop, die beinahe unbekannte Bestandteile der Pflanzen erkennen lassen, die dem menschlichen Auge bis dahin verborgen geblieben waren.

Joan Fontcuberta

Herbarium, 1982–1984

Lavandula Angustifolia, 1984
New York, The Museum of Modern Art

Gegenüber
Guillumeta Polymorpha, 1982
New York, The Museum of Modern Art

Viele Arbeiten des katalanischen Künstlers Joan Fontcuberta gründen auf der Fotografie, da diese seiner Ansicht nach eines der demokratischsten Werkzeuge unserer Zeit ist. Sein *Herbarium* ist eine Hommage an das Werk von Karl Blossfeldt, das als Sinnbild der romantischen Vision naturalistischer Fotografie und Quelle künstlerischer Inspiration gilt.

In diesem Herbarium liefert die Fotografie jedoch ein degradiertes Bild der Natur; von Menschenhand kontaminiert und immer künstlicher geworden. Gleichzeitig nutzt Fontcuberta taxonomische Parameter und Verfahren, die der Welt der Wissenschaft nahestehen, auch wenn seine Pflanzen völlig irreal sind – sie sind das Ergebnis von Hybridisierung, Kunstgriffen oder Fotomontagen. Das riesenhaft vergrößerte Detail, das Blossfeldt zur Herstellung eines Modells diente, nimmt hier die beinahe monströse Form manipulierter Natur ein.

Lien Botha

Plant Press, 2009 und *Garden of Plague*, 2020

Carnations
aus: *Garden of Plague*, 2020
Fotografie und Collage
Privatsammlung

Gegenüber
Moreae
aus: *Garden of Plague*, 2020
Fotografie und Collage
Privatsammlung

Folgende Seiten
Plant Press, 2009
Fotografie und Collage
Privatsammlung

Die Arbeiten der südafrikanischen Künstlerin Lien Botha basieren auf Sammlungen, seien es nun jene von Bildern oder jene von Pflanzen, die getrocknet und konserviert werden, vergleichbar der Tradition der *Horti Sicci*, den Herbarien, die aus echten Pflanzenteilen zusammengestellt wurden. Genau diese Idee der Fragmentierung des Realen findet sich in ihren Arbeiten und lässt ein ganz spezielles Herbarium entstehen, das einer zeitgenössischen Wunderkammer zu entsprechen scheint, in der sich literarische Elemente mit naturwissenschaftlichen vereinen, ohne dass die Kontinuität dabei verloren ginge.

Die Mischung aus Reportagefotografie, Zeitungsausschnitten, getrockneten Pflanzen und literarischem Text lässt ein Werk entstehen, das die Aufmerksamkeit auf authentisches Archivmaterial lenkt, aber auch auf die gewöhnlichen Pflanzen, die unseren Alltag bevölkern.

MORAEA

NGO BELGE • FEVRIER 1933 • LES LONGS VOYAGES AUTOUR DU MONDE, ELLE LES FIT VAILLAMMENT, JOYEUSEMENT
PENETRA DANS LA FORET CONGOLAISE ET PRIT DES ENFANTS DANS SES BRAS...
(PHOTO PRISE PAR S. A. R. LE DUC DE BRABANT. — COMMUNIQUEE PAR L' « ILLUSTRATION CONGOLAISE »)

GISCH CONGO • FEBRUARI 1933 • MOEDIG EN VROOLIJK VOLBRACHT ZIJ HAAR LANGE REIZEN RONDOM DE WERELD.
DRONG IN HET CONGOLEESCHE WOUD BINNEN EN NAM ER KINDERKENS OP HAREN ARM.

Sally Gunnett

Artists' Herbarium, 2017

Herb Robert Triptych
Druck auf Woolwich-Aquarellpapier, London, 27. Mai–15. Juni 2017
Sammlung der Künstlerin

Folgende Seiten
Ragwort Concertina
Druck auf Woolwich-Aquarellpapier, London, 27. Mai–15. Juni 2017
Sammlung der Künstlerin

Die englische Künstlerin Sally Gunnett arbeitet mit Pflanzenteilen, wobei sie primär die natürlichen Farben der Pflanzen nutzt und ihre Aufmerksamkeit auf die Beobachtung der Pflanzen und deren Veränderungen richtet. Die von ihr angewandten Verfahren basieren auf Zeit und alternativen Drucktechniken, unter Einsatz von Pigmenten in Pflanzentinkturen und Rost, um die Transformation im Laufe der Zeit einzufangen und zu dokumentieren.

Die Unvorhersehbarkeit dieser Prozesse und der Auswirkungen, die sie sowohl auf die verwendete Pflanze als auch auf die Umgebung haben, in der sie entstehen, sind dabei ganz wesentlich. In diesem Herbarium sind zahlreiche Techniken und Materialien vereint, wie Pflanzendruck, Fotografie und Bildbearbeitung, oder Pflanzentinkturen. Das Ergebnis ist eine Hommage an die Langsamkeit, an das geduldige Warten und an die unaufhaltsame Verwandlung, die den natürlichen Prozessen innewohnt.

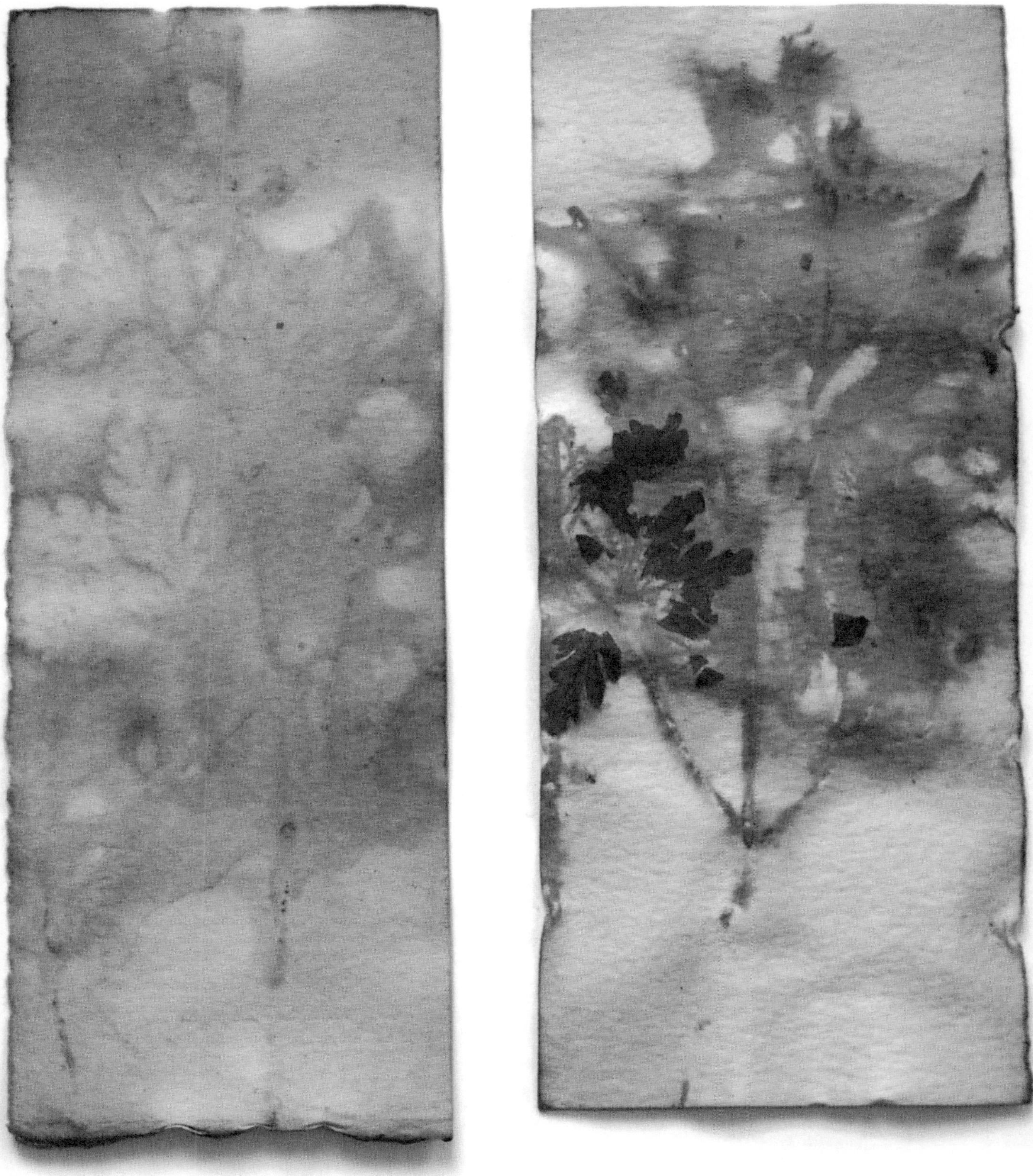

Constance Guisset

Alguier imaginaire, 2019

Albin Michel,
Paris 2019

Die französische Designerin Constance Guisset interpretiert auf fantastische Weise natürliche Formen, die dank ihres Blickes zu neuem Leben erwachen. Die Algen, die fast wie aus dem Meer an den Strand gespülte Überreste wirken, erhalten durch kleine Strichzeichnungen, die sie vermenschlichen oder in einen anderen Kontext als ihren ursprünglichen versetzen, eine zweite Existenz. Die Bilder der Algen auf Fotopapier fanden sich in einer Sammlung der 1950er-Jahre, aufbewahrt im Wissenschaftsmuseum von Laval, und wurden in der Folge von der Designerin mit kurzen Tuschestrichen vervollständigt. Ein visuelles Spiel, das uns an die Arbeiten bedeutender Designerinnen und Designer erinnert, die dazu aufforderten, nicht in stereotypen Sichtweisen zu verharren. Das Resultat von Guissets Arbeit ist ein »Algarium« von Persönlichkeiten mit starkem Charakter, Protagonisten perfekter fantastischer Erzählungen, deren Geschichten die Leserinnen und Leser selbst erfinden dürfen.

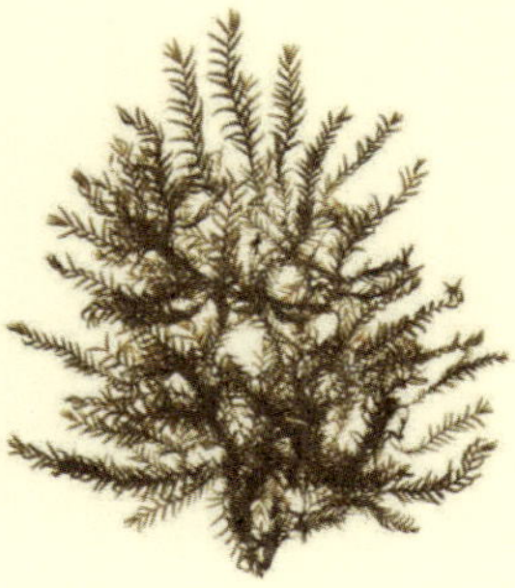

Fontinalis sp.

Saccharina latissima

Chondracanthus acicularis

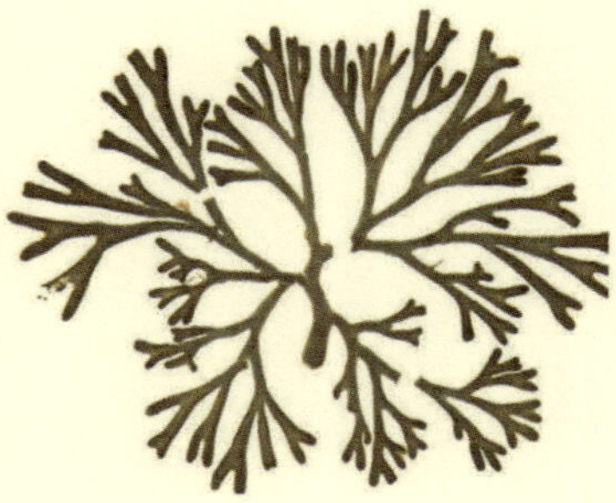

Codium sp.

Stilophora tenella

Ulva intestinalis

Scinaia furcellata

Padina pavonica

Ulva sp.

Desmarestia viridis

Halatachnion ligulatum

Calliblepharis ciliata

Scytosiphon lomentaria

Ceramium sp.

Gelidium corneum

Polysiphonia elongata

Punctaria latifolia

Ceramium cruciatum

Collection printemps-été

Dans ses rêves

Super algue

Système nerveux

La Castafiore enflamme la salle

Triste sire

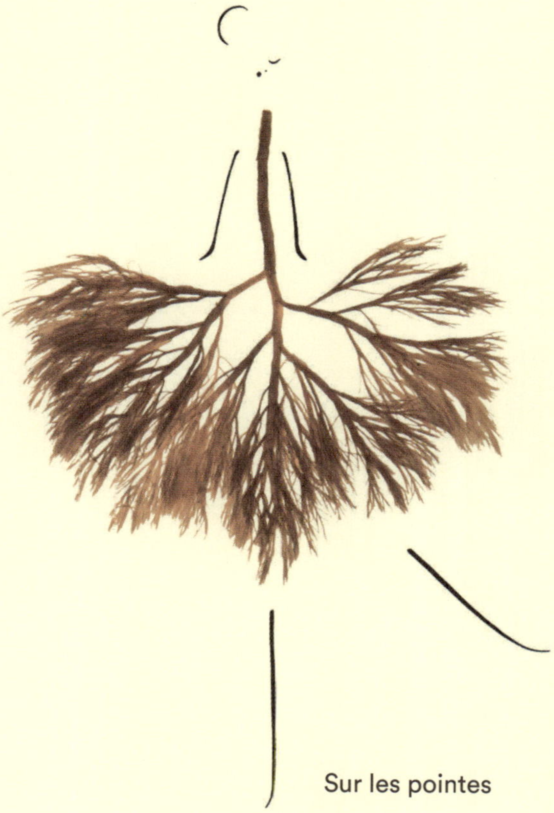

Sur les pointes

Sorcière en liberté !

Hipster ou Père Noël ?

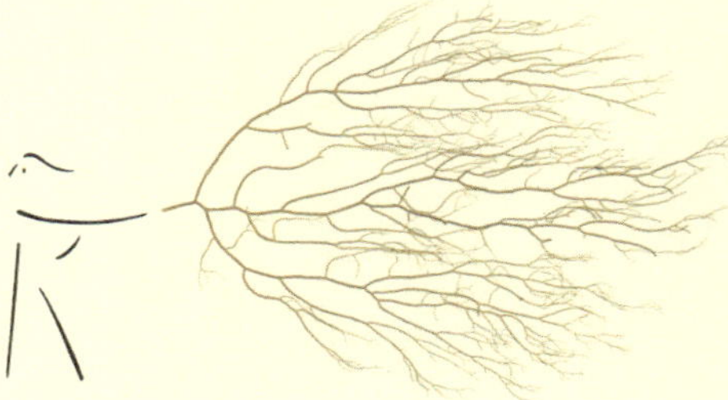

La cape au vent !

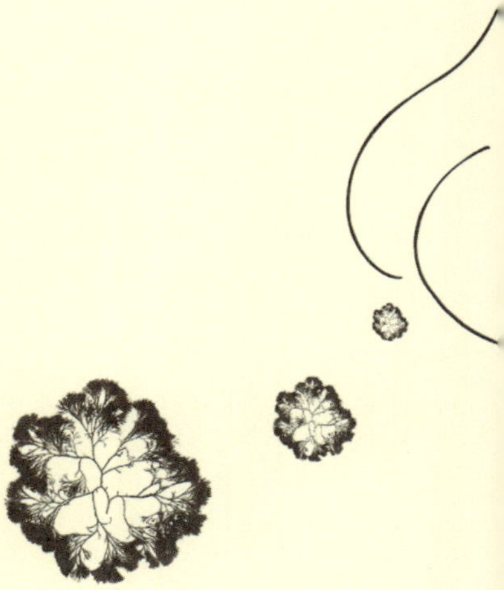

Prout !

Les yeux plus gros que le ventre

Bise

Florilegien

Der Begriff »Florilegium« kommt aus dem Lateinischen und bedeutet so viel wie »Blütenlese«, was im weiteren Sinn das Gesamtkonzept der »Auswahl« definieren sollte, auch in Bereichen, die nicht ausschließlich mit der Botanik zu tun haben. Bei den hier präsentierten Florilegien geht es also stets um Pflanzen, manchmal reale, manchmal erfundene; was sie jedoch auszeichnet, ist die Tatsache, dass die Pflanzen die Seiten eines Buches verlassen, um andere Dimensionen zu erobern und von der Welt der Wissenschaft in diejenige der Kunst überzugehen. Verschiedene Arbeiten auf Papier, Installationen, Recherchen für Objekte oder Grafiken zur Visualisierung digitaler Daten sind nur einige der vielen Formen, die Florilegien annehmen können.

Die hybride und wechselhafte Natur ist ein weiteres Element, das diese sehr speziellen »Herbarien« gemeinsam haben und das uns oftmals zum Nachdenken über die Veränderung der Beziehung zwischen Mensch und Umwelt in der heutigen Zeit anregt. Diese Werke, die sich alter Techniken ebenso bedienen wie moderner technischer Verfahren, sind mehr als echte Herbarien, es sind Formen der Katalogisierung und Ordnung der Pflanzenwelt. Im Panorama unserer gegenwärtigen Welt ersetzen solche Florilegien die Herbarien in Buchform, wobei sie jedoch demselben Wunsch entspringen: Die Natur in Beziehung zu setzen und zu klassifizieren, mit dem Ziel, Wissen über sie zu vermitteln.

Flora
Das Blumenspiel

1830–1835

Schachtelspiel, New York, Cooper Hewitt Smithsonian Design Museum, Gift of Hamill and Barker, Inv. 1961-105-62-a,b

Die Farbstiche auf Papier gehören zu einem Schachtelspiel aus der ersten Hälfte des 19. Jahrhunderts, das aus hölzernen Spielblättchen besteht, mit denen sich Puzzles aus Blüten und Pflanzen legen lassen, indem man entweder den vorgegebenen Formen folgt oder eigene erfindet.

Das Spiel muss sich einer gewissen Beliebtheit erfreut haben, denn die Holzschachtel weist Beschriftungen in Deutsch, Französisch und Englisch auf. Grundlage des Spiels ist die Idee einer freien Komposition von Pflanzen und Blumen durch die Kombination kleiner geometrischer Elemente.

Dieses Konzept eines Kombinationsspiels wurde etwa ein Jahrhundert später zunächst in der Fröbel-Pädagogik aufgegriffen und feierte dann in den bekannten Kunststoffbausteinen seinen größten Erfolg.

Ruth Asawa

Arbeiten auf Papier, um 1960–1975

Desert Plant
[TAM.1560, aus:
Portfolio Flowers,
Lithografie der Skulptur aus geflochtenem Eisendraht mit Stern im Zentrum], 1965
Tinte Maroon auf Papier
Privatsammlung

Gegenüber
Ohne Titel
[SD.047, Zeichnung der galvanischen Skulptur S.112], um 1963
Feder und schwarze Tinte auf Transparentpapier
Privatsammlung

Folgende Seiten
Ohne Titel
[SD.012, Zeichnung der Skulptur aus geflochtenem Eisendraht mit sechs zentralen Zweigen und Tropfen an den Enden], um 1970
Feder und braune Tinte auf Papier
Privatsammlung

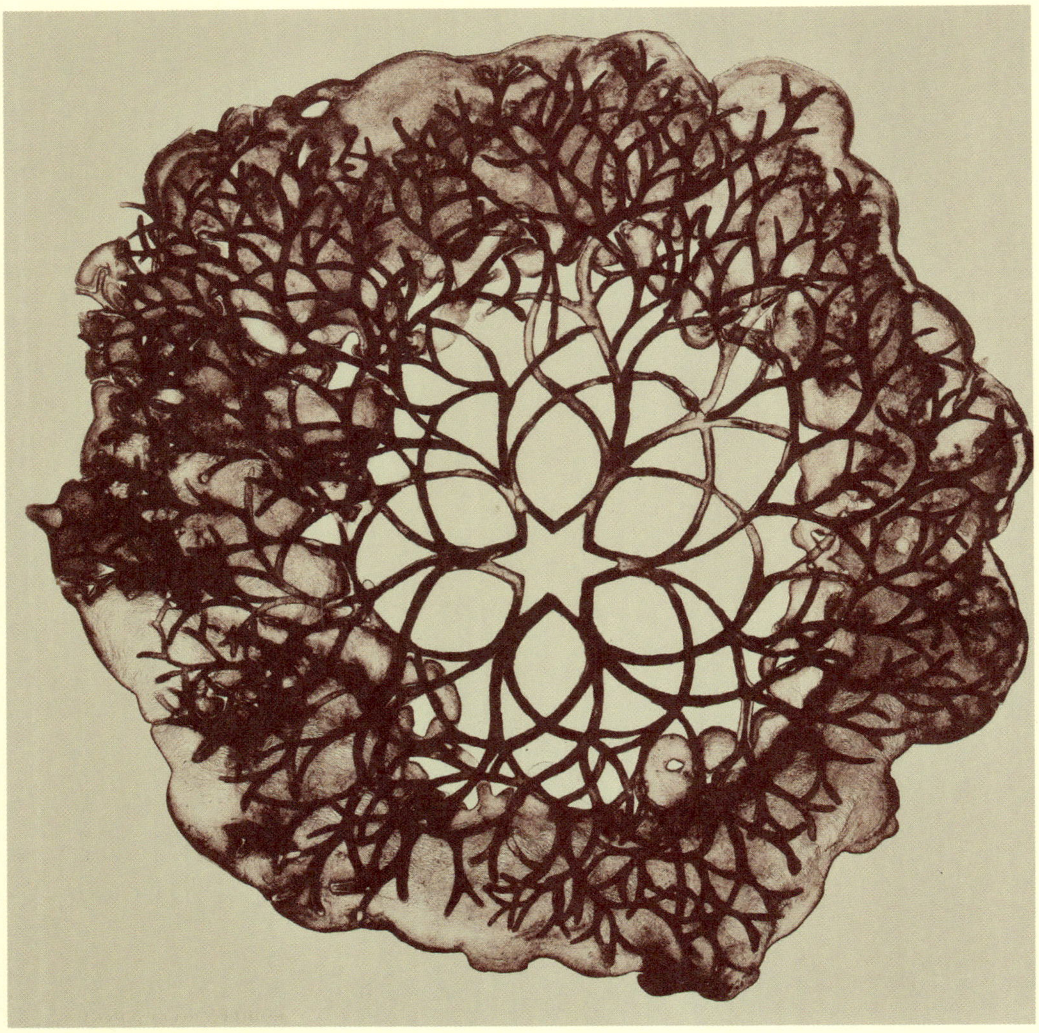

Neben der offenkundigen Schönheit von Blumen und Blättern existiert auch die verstecktere von Wurzeln, Dornen und Ästchen an Zweigen. Die amerikanische Künstlerin Ruth Asawa hat im Zuge ihrer langen künstlerischen Karriere diese weniger auffallenden, jedoch nicht minder faszinierenden Aspekte der Pflanzenwelt erforscht.

Ihre Skulpturen aus Metalldraht nehmen die Form von Geflechten an, die nicht nur an jene in der Natur erinnern, sondern auch an alte Techniken der Korbherstellung. Die Zeichnungen, für sich selbst schon echte Kunstwerke, sind fester Bestandteil der dreidimensionalen Skulpturen und weisen zudem einen Aspekt der Regelmäßigkeit der Zeichen auf, der an die fraktale und logarithmische Natur zahlreicher Pflanzenarten denken lässt. So entsteht ein Schnittpunkt zwischen Natur und Vernunft, den viele Philosophen und Kunstschaffende in der Vergangenheit auch im geistigen Sinn aufgefasst haben.

ASAWA

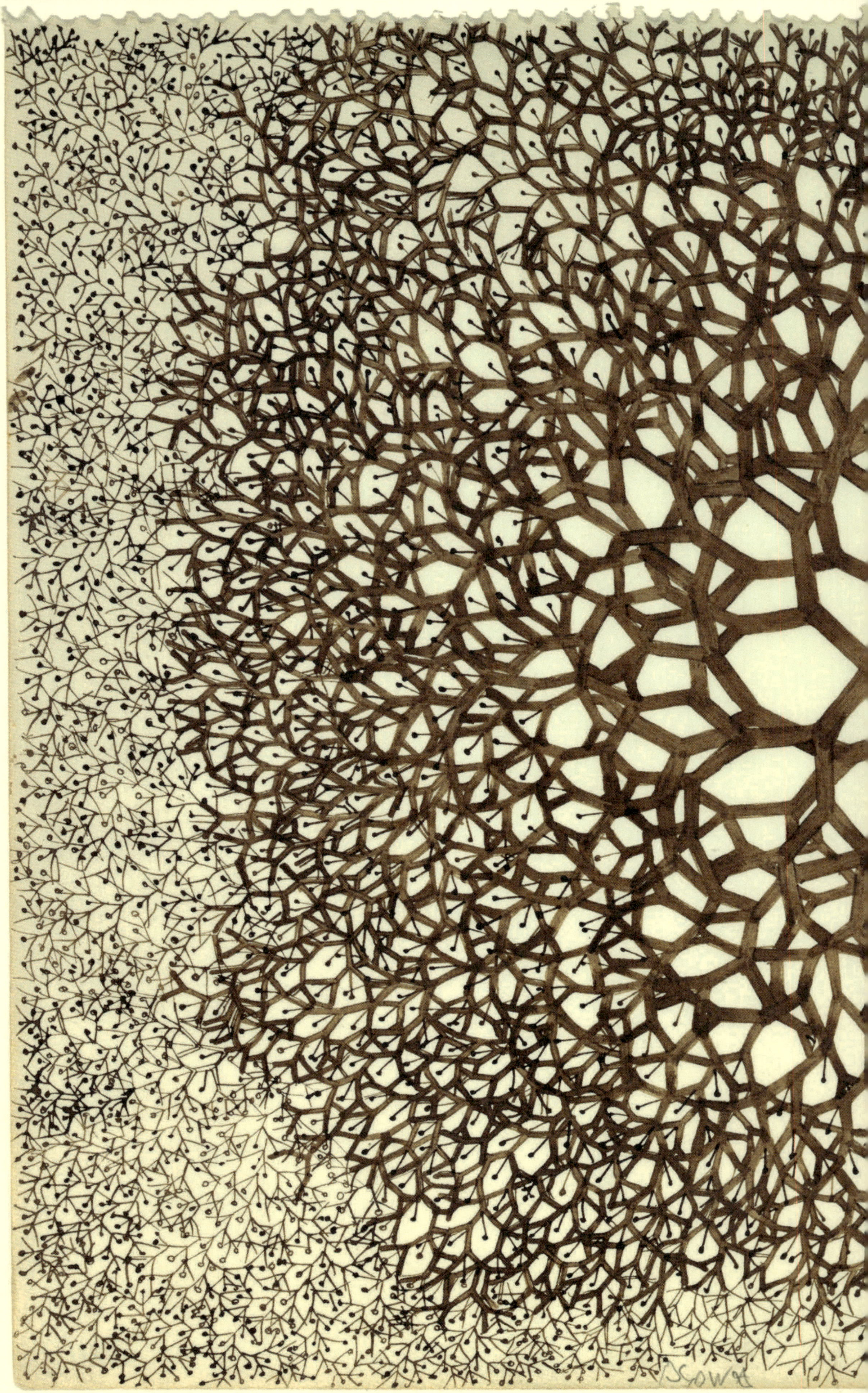

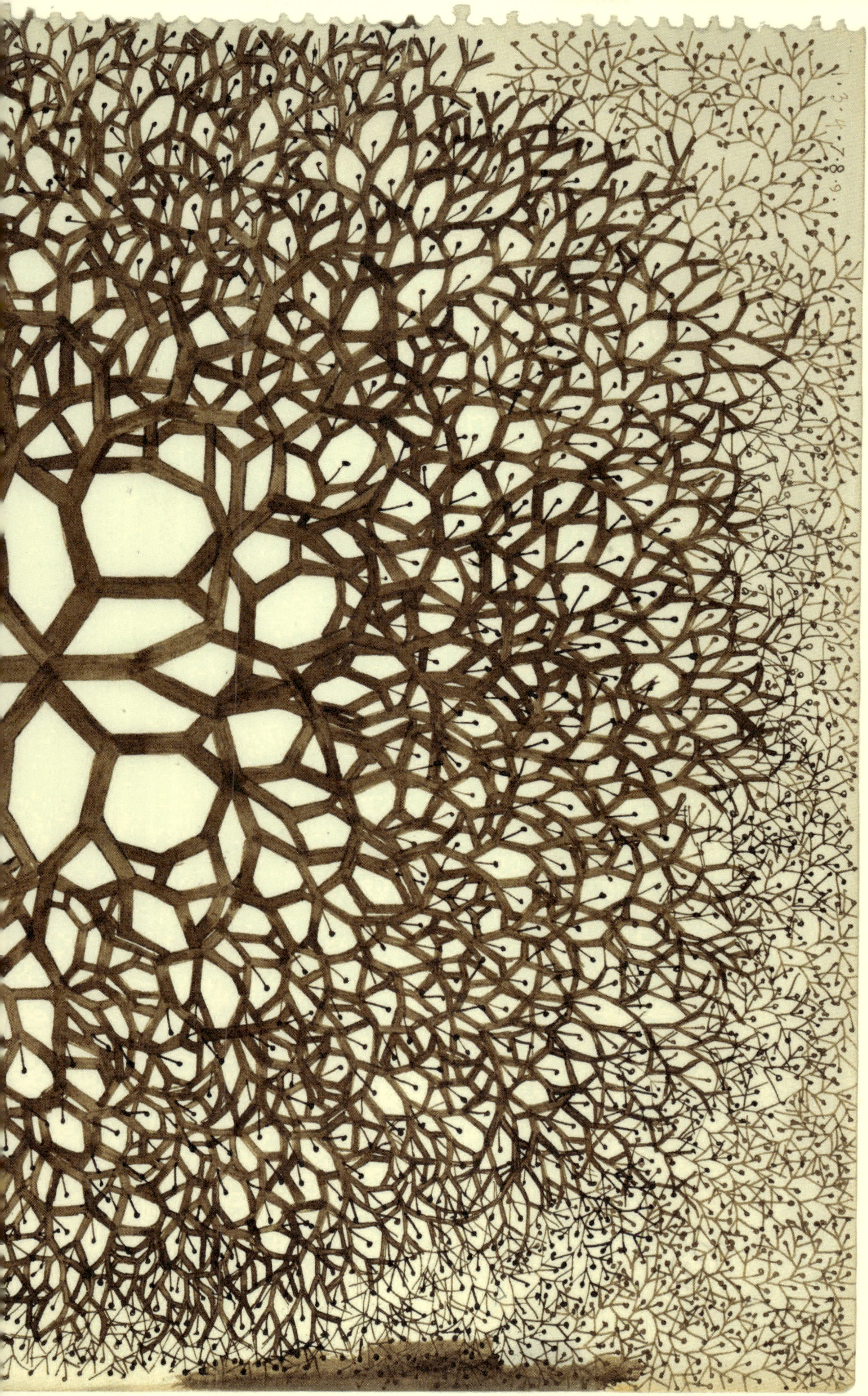

Elisa Montessori

Herbarium, 1978

Ein Herbarium, wenn auch nicht in Buchform, so doch aus Zeichnungen, die aus Zeichen bestehen, welche wiederum aus der Beobachtung von Elementen der Natur abgeleitet sind, und teilweise präsentiert in Form getrockneter Pflanzen, bei denen es sich fast immer um Wild- und Unkräuter handelt. Ein Detail dieser Pflanzen wurde dann jeweils mithilfe eines Tuschestrichs wieder aufgenommen.

Die Arbeit stammt aus der gleichen Epoche, in der sich die italienische Künstlerin Elisa Montessori mit dem Mythos von Daphne auseinandersetzte, mit der Verwandlung einer Frau in einen Baum und mit der Ähnlichkeit zwischen menschlichem Körper und Pflanze. Ausgehend von einer Analyse der natürlichen Zeichnung eines Blattes, eines Stängels, einer Verästelung oder einer Wurzel, fertigte die Künstlerin eine rein grafische Übertragung an. »Kreativität gibt es nicht«, so die Künstlerin, »es ist immer eine Übertragung in etwas anderes. Ich initiiere es und trage zu einer Kette von Signifikanten bei, deshalb sind meine Arbeiten keine botanischen Tafeln, sondern Zeichen.«

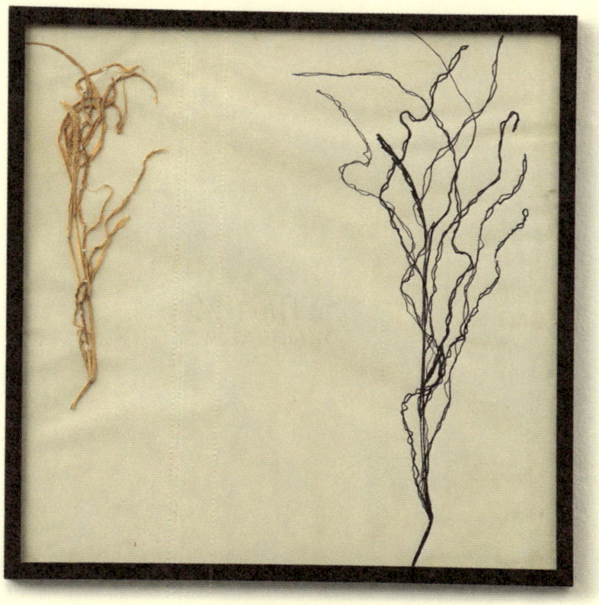

Alberto Baraya

Herbario de plantas artificiales, 2003–2013

Cymbidium II,
2003–2008
Mischtechnik
Privatsammlung

Gegenüber
Opulencia, 2012
Mischtechnik
Sammlung des
Künstlers

Folgende Seiten
Loto, 2013
Mischtechnik
Sammlung des
Künstlers

Afrodiciaca Peruna Monroe, 2012
Mischtechnik
Sammlung des
Künstlers

Auf den ersten Blick wirkt diese Arbeit wie ein klassisches Herbarium, mit den traditionellen Tafeln oder Bögen, auf denen die Pflanzen im Ganzen oder in ihre wichtigsten Elemente zerteilt wiedergegeben sind. Aber das Medium, also das Material, wird hier bald zur Botschaft: Die fraglichen Pflanzen bestehen alle aus Kunststoff, es sind typische Deko-Blumen und -Blätter aus industrieller Herstellung, die in ihre Bestandteile zerlegt wurden.

Für die Recherche des kolumbianischen Künstlers Baraya sind – wie für einen echten Botaniker – der Kontext und der Ort, an dem die Pflanze gefunden wurde, wichtig, sowie die Beschreibung der Herkunft gemäß dem klassischen Sammlungsprozess. Die konventionelle Methode der Klassifizierung macht die Reflexion über die Grenze von Kunst und Natur noch offensichtlicher, die in der Welt der Imitationen mit der Glaubwürdigkeit und dem Wert von Gegenständen spielt.

富貴
Cherry blossom type at calligraphy department China Academy of Art Hangzhou,
Cerezo en flor en el Departamento de caligrafía en la Academia China de Arte, en Hangzhou.
1.
2.
3.
4.
5.
6.
7.
8.
EJEMPLAR HERBARIO
RECOLECTOR
LUGAR
FECHA Sept. 2012
Fake cherry blossom

1.
2.
3.
Lotus
EJEMPLAR HERBARIO
RECOLECTOR
LUGAR
FECHA
2012 Sept.
西湖 杭州

$1.98
ornamental
comestible flores y hojas en ensaladas y pescados
Afrodiciaco flores abiertas
aceites esenciales antibióticos
4.
3.
2.
1.
MARILYN MONROE
1926 – 1962
En la fecha de su aniversario-cumpleaños, sigue recibiendo arreglos florales, sólo 2 artificiales que le lleve el día 5.
una "Passiflora monroe" y esta
1.
2.
3.
4.
5.
6.
Ejemplar Herbario
Recolector
Lugar
Fecha
2012
Tipo Tropaeolum majus; ó capuchina : Taco de reina : espuela de Galán : flor de la sangre : llagas de cristo : ó berro del Perú : mastuerzo de las indias ; alambre, plástico, tela y pigmentos
herbario de plantas artificiales
a
b

herman de vries

Herbarien, 2011 und 2016

Diese Seite und gegenüber
Journal Imessouane
Details, 2011
Mischtechnik
sammlung herman und susanne de vries

Folgende Seiten
blätter a.d. nördlichen steigerwald, 2016
Collage
sammlung herman und susanne de vries

herman de vries – klein geschrieben, um Hierarchien zu vermeiden, wie er selbst betont – ist ein holländischer Künstler mit einer Ausbildung als Botaniker. In seinen Arbeiten realisiert er Collagen und Bilder, die pflanzliche Materialien enthalten, deren Sammeln in der Natur bereits Teil des Schaffensprozesses ist.

Der Künstler lebt mitten im Grünen in einer Art bewusster Eremitage und in beinahe symbiotischer Beziehung zur Natur, um die tiefe Verbundenheit des Menschen mit seinem Umfeld zu bekräftigen. 2015 gestaltete er den niederländischen Pavillon bei der 56. Biennale von Venedig, in welchem er sein Universum aus einer Primär-Natur – jener der pflanzlichen und mineralischen Welt – und einer Sekundär-Natur – jener der Menschen – erschuf. Seine Arbeiten strukturieren die Erfassung der natürlichen Welt, die er bewohnt, und basieren somit auf den Beweggründen zahlreicher Schöpferinnen und Schöpfer von Herbarien der Vergangenheit.

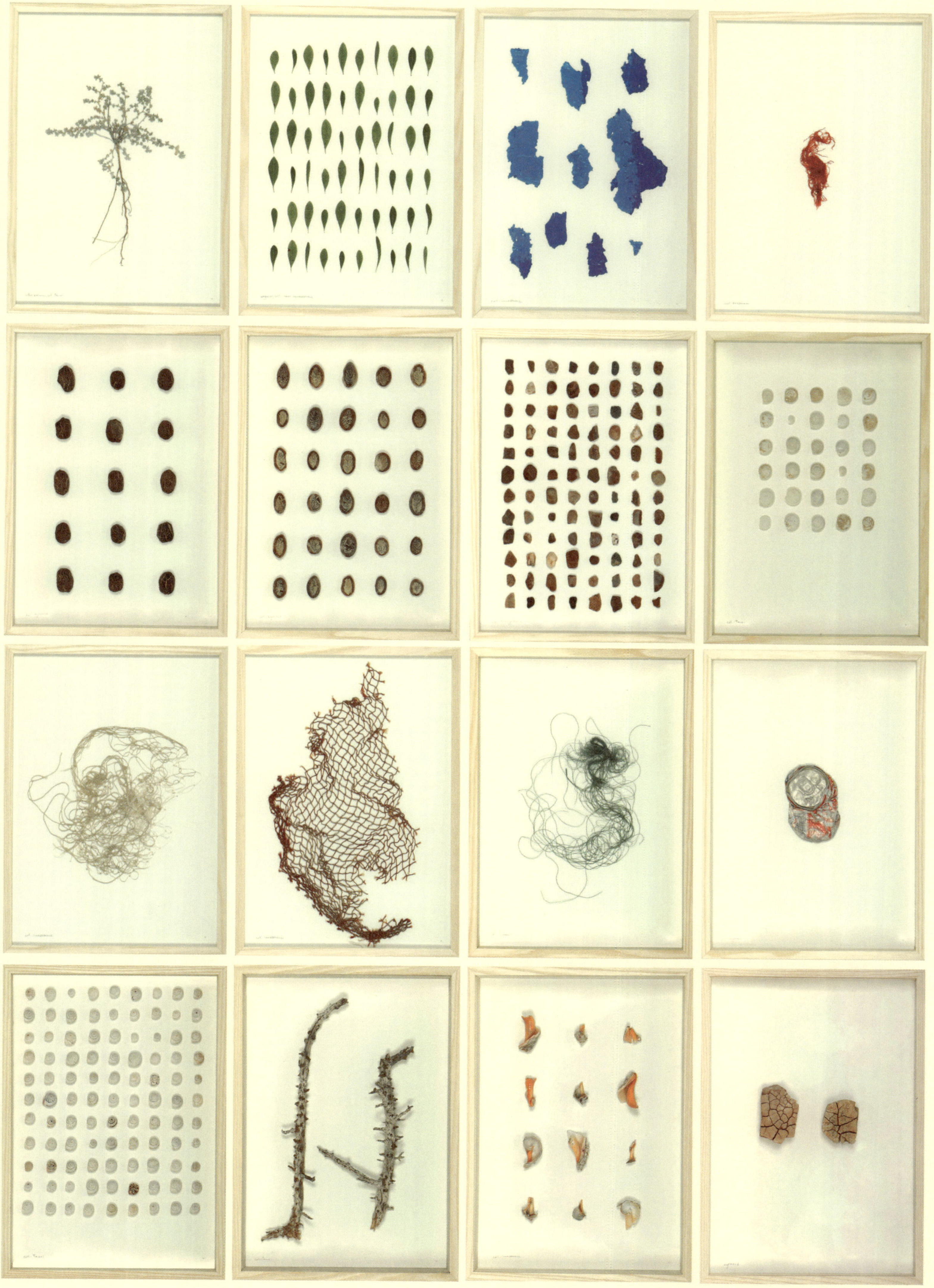

Michela Lazzaroni

2017–2020

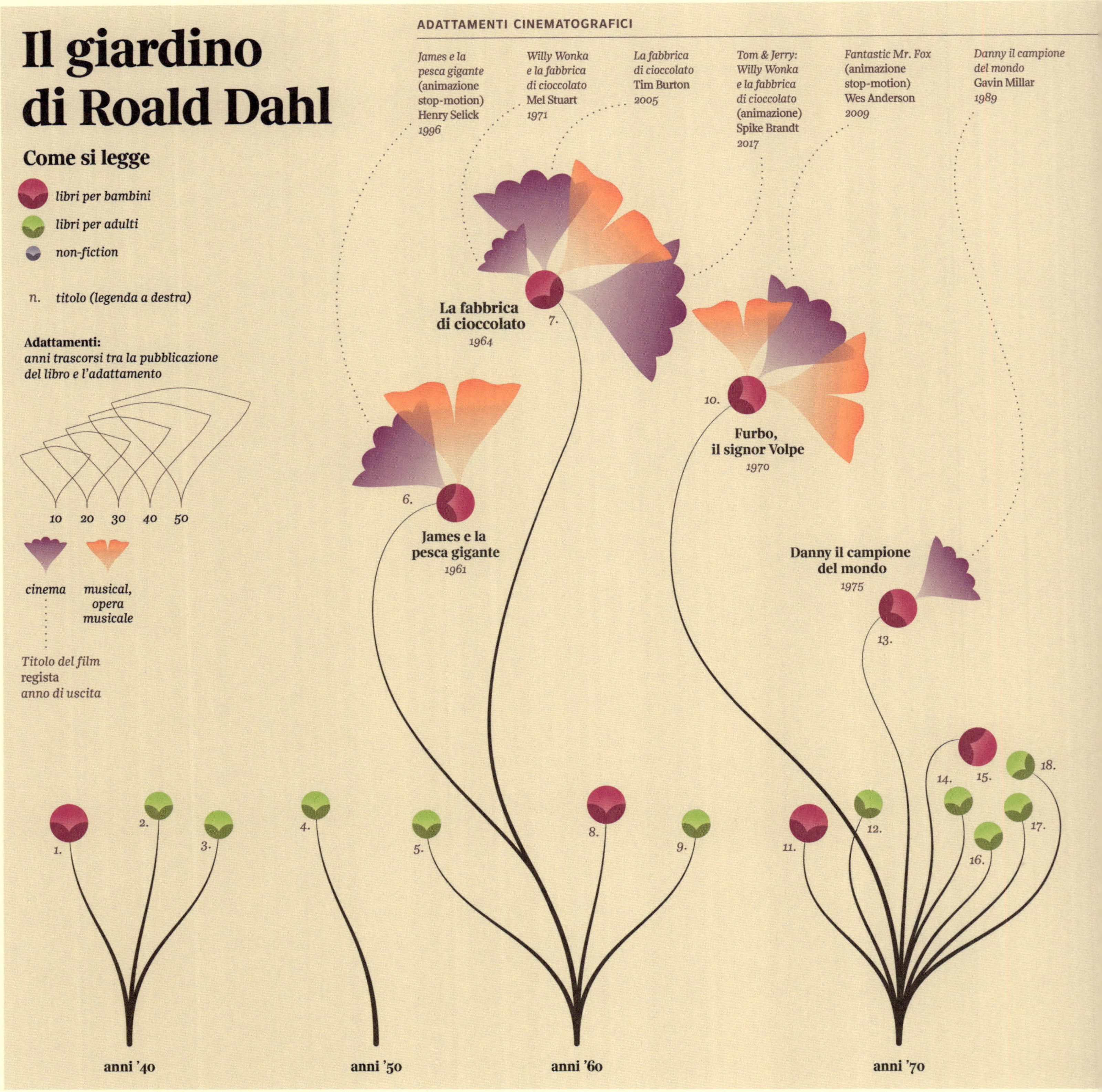

Nutzte man in der Vergangenheit zur Visualisierung prozentueller Daten meist das klassische »Tortendiagramm« mit farbigen »Stücken«, bedient man sich heute neuer ästhetischer Darstellungsformen, um solche Fakten zu vermitteln. In den Arbeiten der Grafikerin Lazzaroni nimmt die Gestaltung der Daten oft Anleihen bei der Welt der Natur, vor allem jener der Pflanzen. Die Form der Blätter, deren geometrische Gestaltung der Gewichtung der Daten entspricht, scheint eine digitale Version der Tafeln eines Herbariums zu sein. Doch neben der formalen und chromatischen Schönheit erläutern diese Zeichen eine weitaus umfassendere Geschichte, nämlich die der alten Bäume unseres Planeten, wahren Monumenten der Pflanzenwelt. Oder sie bieten eine Analyse der Bücher eines außergewöhnlichen Schriftstellers wie Roald Dahl und erschaffen daraus einen Garten der Bedeutungen.

Il giardino di Roald Dahl, veröffentlicht in: *La Lettura – Corriere della Sera*, Nr. 469, 22. November 2020

Folgende Seiten
Alberi monumentali, veröffentlicht in: *La Lettura – Corriere della Sera*, Nr. 312, 19. November 2017

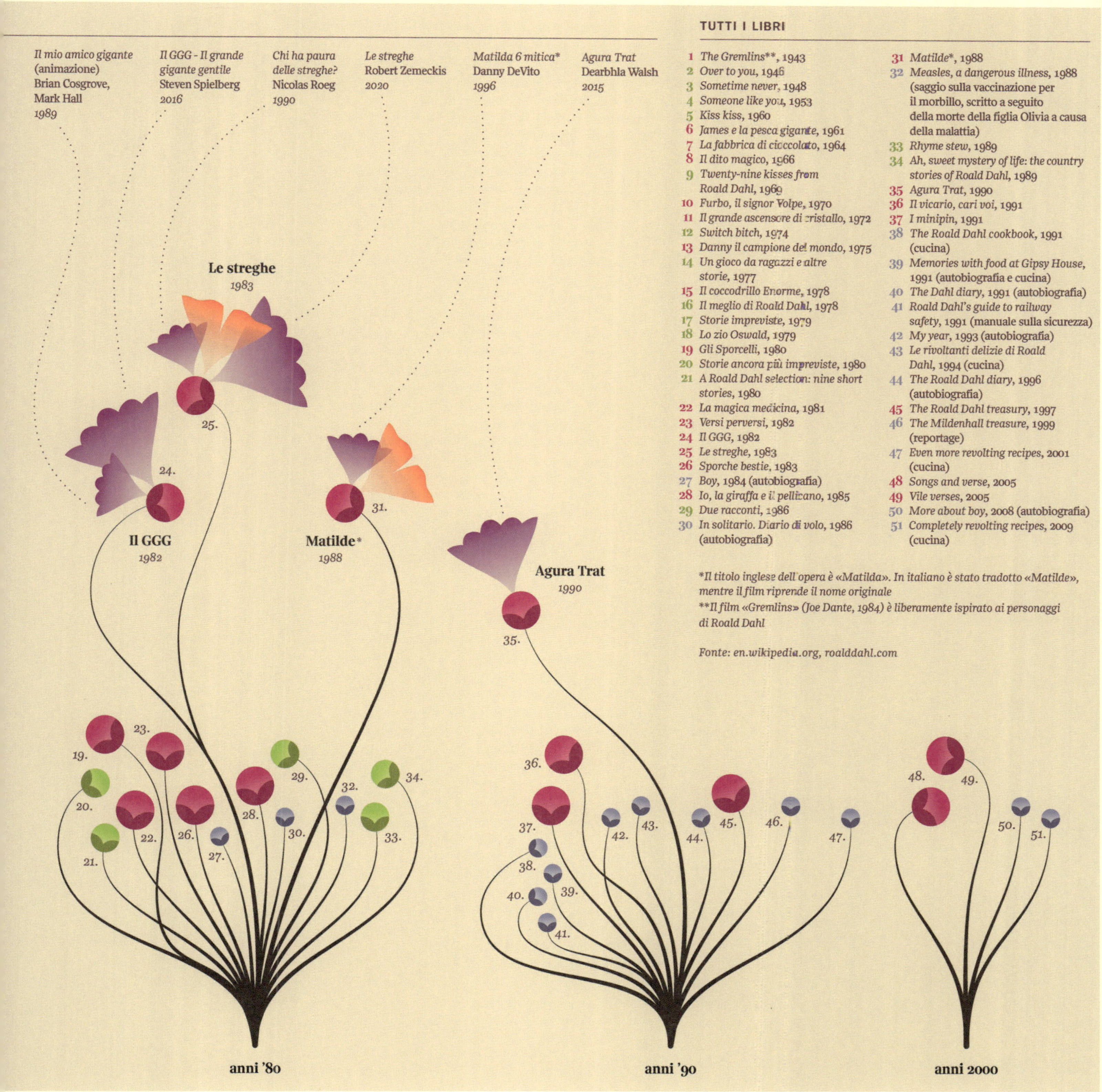

La visualizzazione mostra gli «alberi monumentali» classificati da *www.monumentaltrees.com* secondo età, circonferenza del tronco e altezza. La tavola prende in considerazione i venti alberi più vecchi del mondo, i venti con tronco più largo e i venti più alti, li posiziona secondo un criterio geografico e li divide per famiglia di appartenenza

Fonti: *monumentaltrees.com*

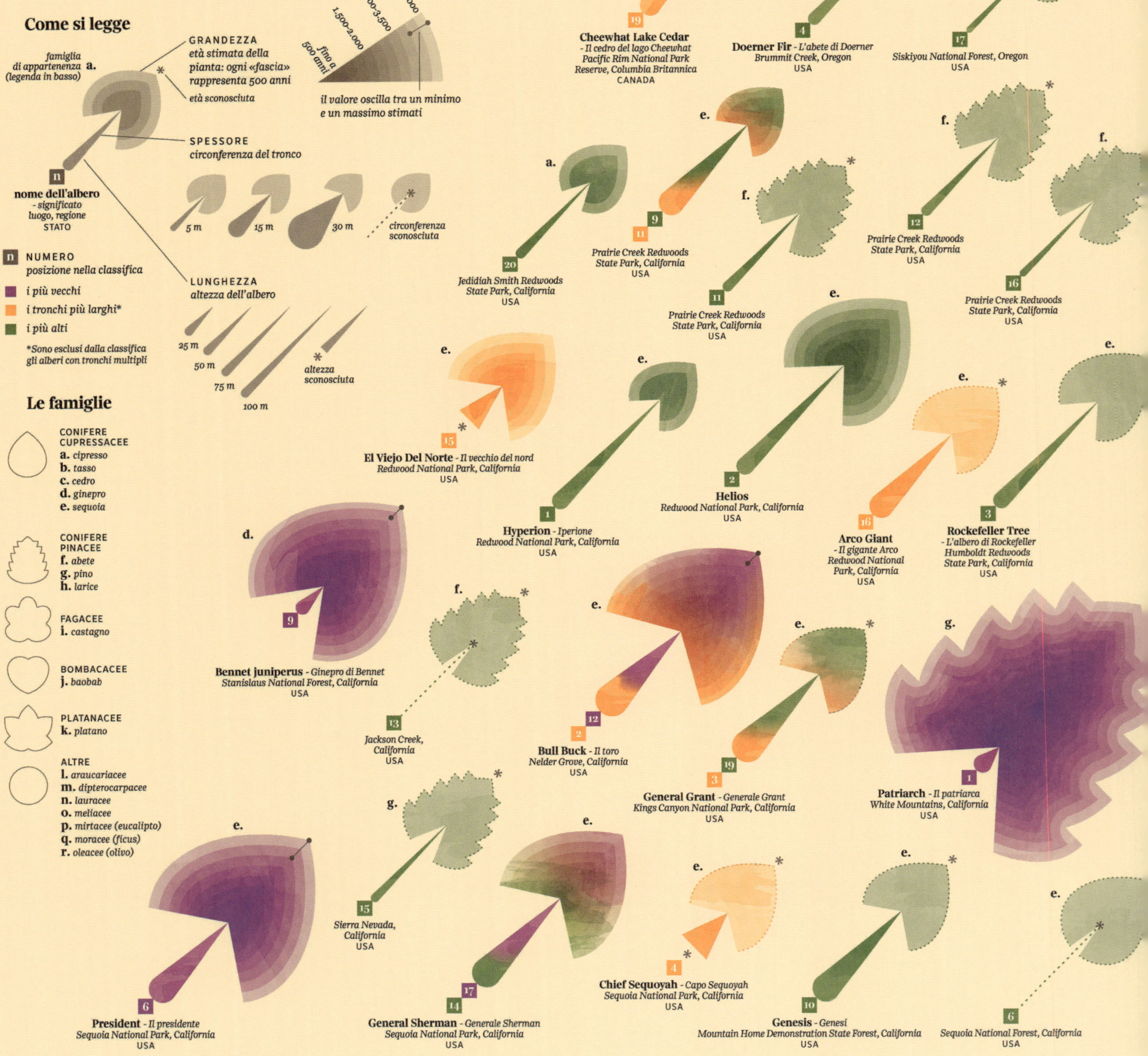

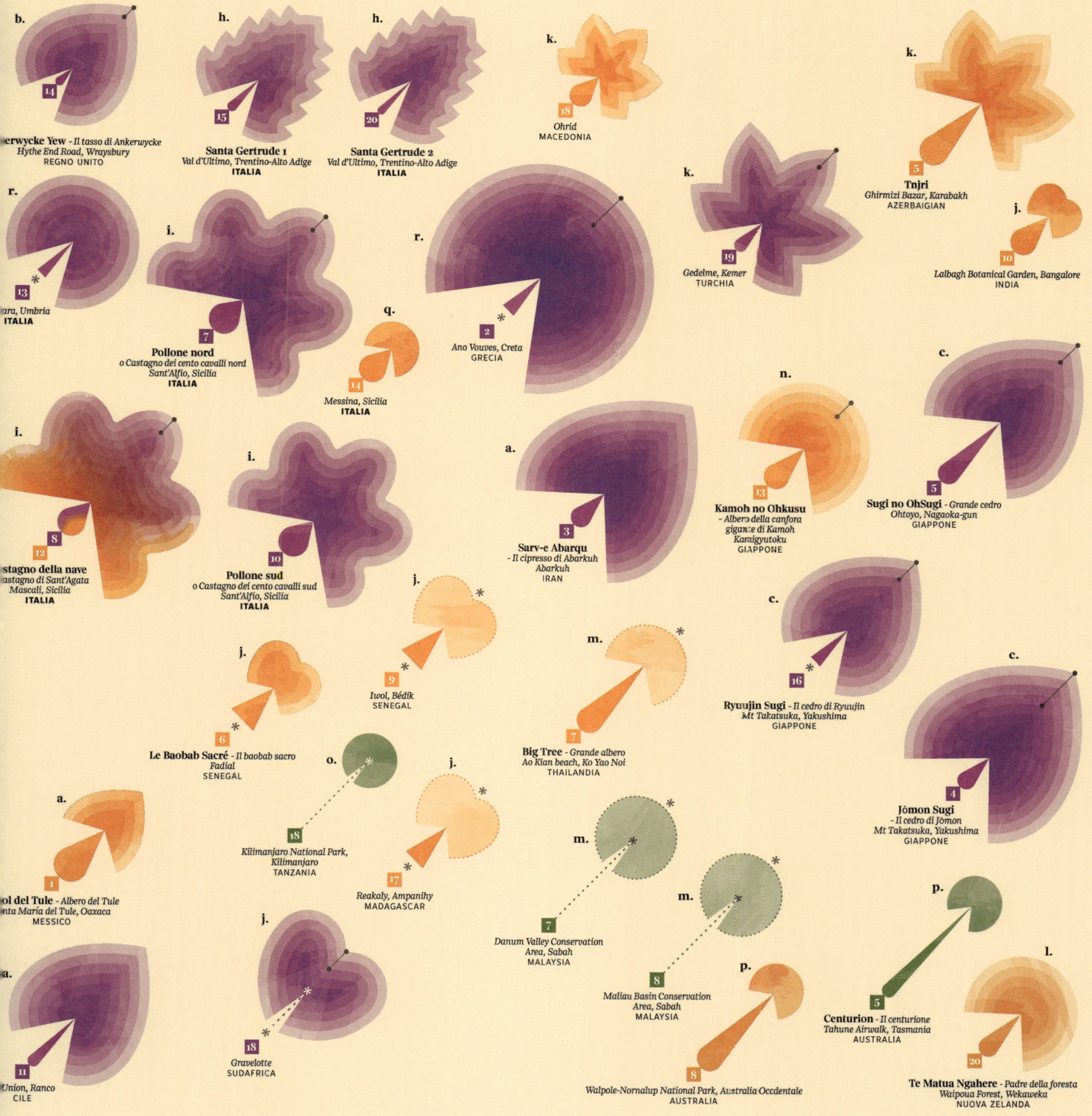

b.
14
erwycke Yew - Il tasso di Ankerwycke
Hythe End Road, Wraysbury
REGNO UNITO
h.
15
Santa Gertrude 1
Val d'Ultimo, Trentino-Alto Adige
ITALIA
h.
20
Santa Gertrude 2
Val d'Ultimo, Trentino-Alto Adige
ITALIA
k.
18
Ohrid
MACEDONIA
k.
5
Tnjri
Ghirmizi Bazar, Karabakh
AZERBAIGIAN
r.
13
ara, Umbria
ITALIA
i.
7
Pollone nord
o Castagno dei cento cavalli nord
Sant'Alfio, Sicilia
ITALIA
q.
14
Messina, Sicilia
ITALIA
r.
2
Ano Vouves, Creta
GRECIA
k.
19
Gedelme, Kemer
TURCHIA
j.
10
Lalbagh Botanical Garden, Bangalore
INDIA
i.
8
12
stagno della nave
astagno di Sant'Agata
Mascali, Sicilia
ITALIA
i.
10
Pollone sud
o Castagno dei cento cavalli sud
Sant'Alfio, Sicilia
ITALIA
a.
3
Sarv-e Abarqu
- Il cipresso di Abarkuh
Abarkuh
IRAN
n.
13
Kamoh no Ohkusu
- Albero della canfora
gigante di Kamoh
Kamigyutoku
GIAPPONE
c.
5
Sugi no OhSugi - Grande cedro
Ohtoyo, Nagaoka-gun
GIAPPONE
j.
6
Le Baobab Sacré - Il baobab sacro
Fadial
SENEGAL
j.
9
Iwol, Bédik
SENEGAL
m.
7
Big Tree - Grande albero
Ao Kian beach, Ko Yao Noi
THAILANDIA
c.
16
Ryuujin Sugi - Il cedro di Ryuujin
Mt Takatsuka, Yakushima
GIAPPONE
c.
4
Jōmon Sugi
- Il cedro di Jōmon
Mt Takatsuka, Yakushima
GIAPPONE
a.
1
ol del Tule - Albero del Tule
nta María del Tule, Oaxaca
MESSICO
o.
18
Kilimanjaro National Park,
Kilimanjaro
TANZANIA
j.
17
Reakaly, Ampanihy
MADAGASCAR
m.
7
Danum Valley Conservation
Area, Sabah
MALAYSIA
m.
8
Maliau Basin Conservation
Area, Sabah
MALAYSIA
p.
5
Centurion - Il centurione
Tahune Airwalk, Tasmania
AUSTRALIA
a.
11
Union, Ranco
CILE
j.
18
Gravelotte
SUDAFRICA
p.
8
Walpole-Nornalup National Park, Australia Occdentale
AUSTRALIA
l.
20
Te Matua Ngahere - Padre della foresta
Waipoua Forest, Wekaweka
NUOVA ZELANDA

Matilde Boelhouwer

Insectology: Food for Buzz, 2019

Jede Blume ist so gestaltet, dass sie aufgrund von Form und Farbe eine bestimmte Insektenart anzieht; verwendet werden UV- und 3D-Farben. Die Behälter mit Zuckerwasser [das Herz der Blume] sind 3-D gedruckt und an die einzelne Spezies angepasst.

In der Naturgeschichte besteht eine starke und ganz wesentliche Wechselbeziehung zwischen Blumen und Insekten: die einen haben sich entwickelt, damit die anderen überleben können, und umgekehrt. In den urbanen Dschungeln aus Zement und Stein ist die Präsenz von Blumen heute jedoch zu etwas Seltenem geworden und das Fehlen von Blüten hat einen drastischen Rückgang der Insektenpopulation zur Folge. Durch stadtplanerische Eingriffe soll die Insektenpopulation wieder erhöht und die Blumen dazu angeregt werden, wieder zu erblühen. Aber wie schafft man es, dass eine Zementmauer erblüht oder eine Biene etwas frisst, an das sie nicht mehr gewöhnt ist?

Um diese Fragen zu beantworten, hat die junge Designerin Matilde Boelhouwer eine Serie künstlicher blühender Blumen konzipiert, die bestäubenden Insekten als Notfall-Nahrungsquelle dienen; sie hat damit einen natürlichen Kreislauf von entscheidender Bedeutung reaktiviert, der sich in einer tiefen Krise befindet.

Raku Inoue

Natura Insects, 2020

Fotoabzüge von Collagen aus frischen Pflanzenteilen

Raku Inoue, ein interdisziplinär arbeitender Künstler japanischer Abstammung, erschafft aus natürlichen Rohstoffen eine künstliche Mischform aus Herbarium und entomologischer Sammlung.

Der Beginn seiner Arbeit gleicht einer kreativ-meditativen Übung, für die der Künstler zufällige Materialien sammelt, um seine Serie floraler Insekten zu erschaffen, die er per Hand arrangiert und die aus Pflanzenteilen und Blüten bestehen, die er gefunden, gesammelt oder erstanden hat. Jedes einzelne Stück dieses »Puzzles« in Form von Insekten ist organisch und wird sich früher oder später zersetzen. Werk und Prozess sind somit eine demütige Mahnung, die uns daran erinnert, dass nichts für immer existiert, besonders in der Natur, und dass sich die Vergänglichkeit des Lebens nicht ignorieren lässt.

Die Arbeiten, einmal zersetzt, kehren über die Kompostierung wieder zur Erde zurück, jedoch nicht, bevor ihre erfrischende Schönheit fotografisch festgehalten wurde.

Patricia Urquiola

Hybrida, 2021

Projekt für
MADE IN EDIT
Mischtechnik

2021 wurde die spanische Architektin und Designerin Patricia Urquiola von der Marke MADE IN EDIT eingeladen, mit einer der ältesten europäischen Porzellanmanufakturen, der Real Fabbrica di Capodimonte, zusammenzuarbeiten – genauer gesagt mit deren Bildungseinrichtung für junge Meisterinnen und Meister der Zukunft im Real Bosco di Capodimonte in Neapel.

Dabei ging es darum, die Tradition dekorativer Porzellanfiguren mit zeitgenössischem Blick neu zu interpretieren und die Meisterschaft der Kunsthandwerkenden mit einer neuen Vision herauszufordern. Urquiola experimentiert mit Naturmaterialien aus dem Wald – Rinde, Flechten, Pilzen – aber auch mit synthetischen und natürlichen Seilen und Schwämmen.

Das Ergebnis ist eine außergewöhnliche Musterkollektion botanischer Recherche, die von der hybriden Beziehung von Mensch und Natur zeugt und eine moderne Metamorphose vorschlägt, die natürliche und vom Menschen geschaffene Welt verbindet.

PRIME PROVE STUDENTI / OTTOBRE 2021

TEXTURE

Caroline Rothwell

Infinite Herbarium, 2021

Mehrkanal-Projektion aus sechs Full-HD-Videos, 28:35 Min., mit Ton von Theodore Wohng. Entstanden in Zusammenarbeit mit Google Creative Lab.

Ein Herbarium, das nicht physisch, sondern digital existiert, überschreitet die Grenzen der Natur selbst und stellt eine neue Verbindung mit den Pflanzen und ihren bedrohten Ökosystemen her. Ein solches Herbarium schuf Caroline Rothwell mit ihrer Arbeit *Infinite Herbarium*, bei der sie die unendlichen Kombinationsmöglichkeiten der Computertechnik durch interaktive Lernfähigkeit zur künstlerischen Produktion nutzt. Das Publikum trifft hier auf Pflanzen aus aller Welt, gefiltert durch Datensätze und im Netz vorhandene historische Archive, darunter jenes der Biodiversity Heritage Library, das sich einer Kombination von Techniken des maschinellen Lernens bedient. Die Verbindung aus Botanik, Daten und Kunst bringt fantastische Kombinationen mit kuriosen hybriden Spezies hervor, durch die eine pflanzliche Parallelwelt entsteht, geschaffen durch künstliche Intelligenz.

mischer'traxler

Embodied Nature, 2021

Installation für Maison Perrier-Jouëts

Diese von einer bekannten Champagnerfirma in Auftrag gegebene Installation ist bestrebt, die Kluft zwischen den Menschen und dem Naturraum zu überbrücken, indem sie diese als Teile des Ganzen neu positioniert.

Mehr als 100 Spezies aus aller Welt sind in dieser Installation im gleichen Maßstab rekonstruiert, um die Gleichwertigkeit ihrer jeweiligen Rolle im Ökosystem zu betonen; so entsteht eine nicht der Realität entsprechende taxonomische Ordnung, die dennoch symbolisch und konzeptuell ist. Nähern sich die Betrachtenden der Arbeit, sehen sie sich wie vor einem Spiegel, doch anstelle eines Spiegelbilds erscheint ihre aus Pflanzen und Blumen bestehende Silhouette. Diese »leibhaftige Natur«, konzipiert vom österreichischen Design-Duo mischer'taxler, wird somit zu einer individuellen Erfahrung mit einer kollektiven Realität von eindrücklicher emotionaler Wirkung.

Federica Fragapane

2022

Rappresentanza femminile in politica, 2022

Folgende Seiten
25 November, 2022

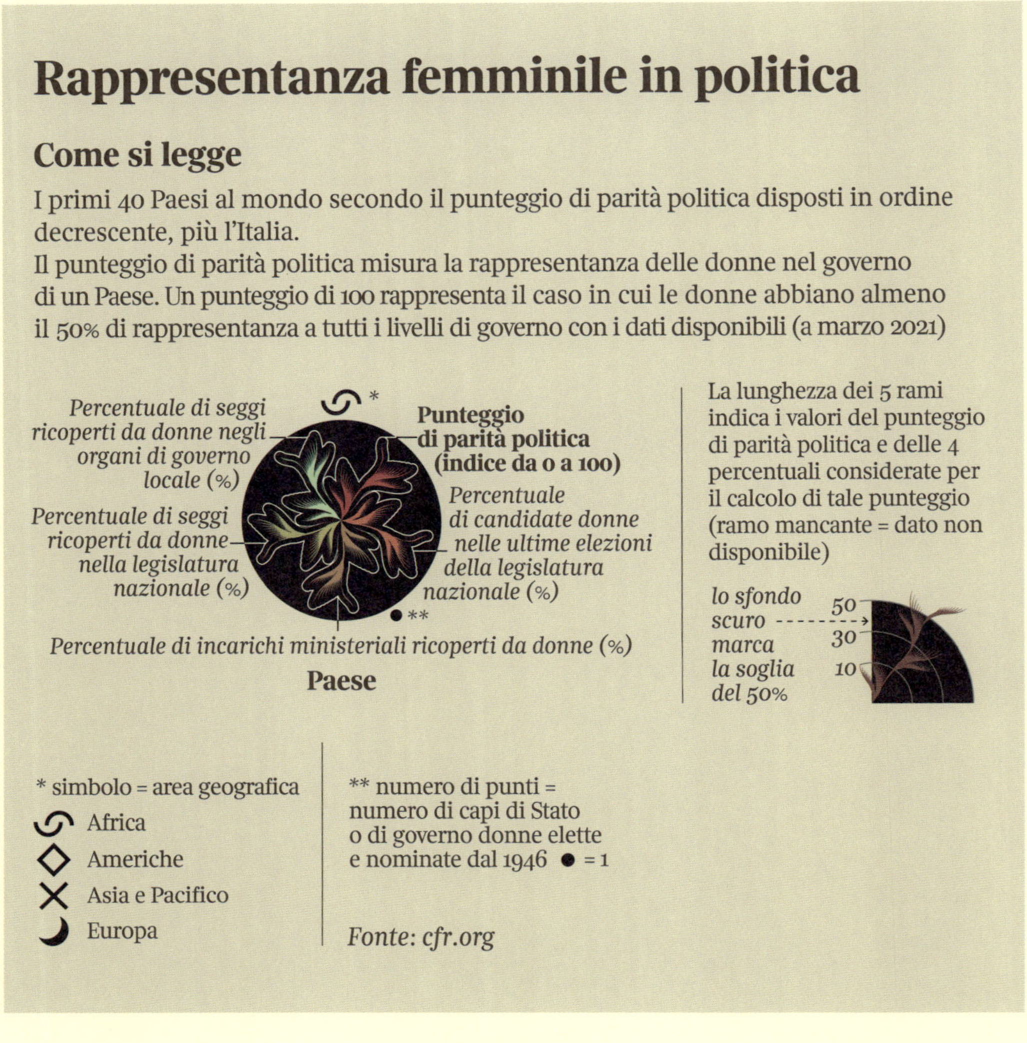

Die Big Data gehören zu den wertvollsten Gütern unserer Zeit, denn auf ihren Datenströmen basieren viele der weltweiten Wirtschaftsprognosen. Federica Fragapane ist Visuelle Datendesignerin, beziehungsweise Planerin, die Daten visuell nachweisbar macht. Ob es sich nun um die Macht von Frauen in der Welt der Politik handelt oder um die Verbreitung der Pandemie: Daten benötigen eine Visualisierung, um verstanden und verwaltet zu werden. Was einst das klassische Balkendiagramm war, wird heute durch Formen ersetzt, denen es auf effiziente Weise gelingt, Daten zu visualisieren und Kommunikation mit einer neuen Ästhetik zu vereinen. In Fragapanes Fall hat dieser Code oft mit der Botanik zu tun, aufgrund der dargestellten Verzweigungen, die an Blätter, Blüten oder Algen erinnern. Ein Universum der Schönheit, das zudem nützliche Botschaften vermittelt.

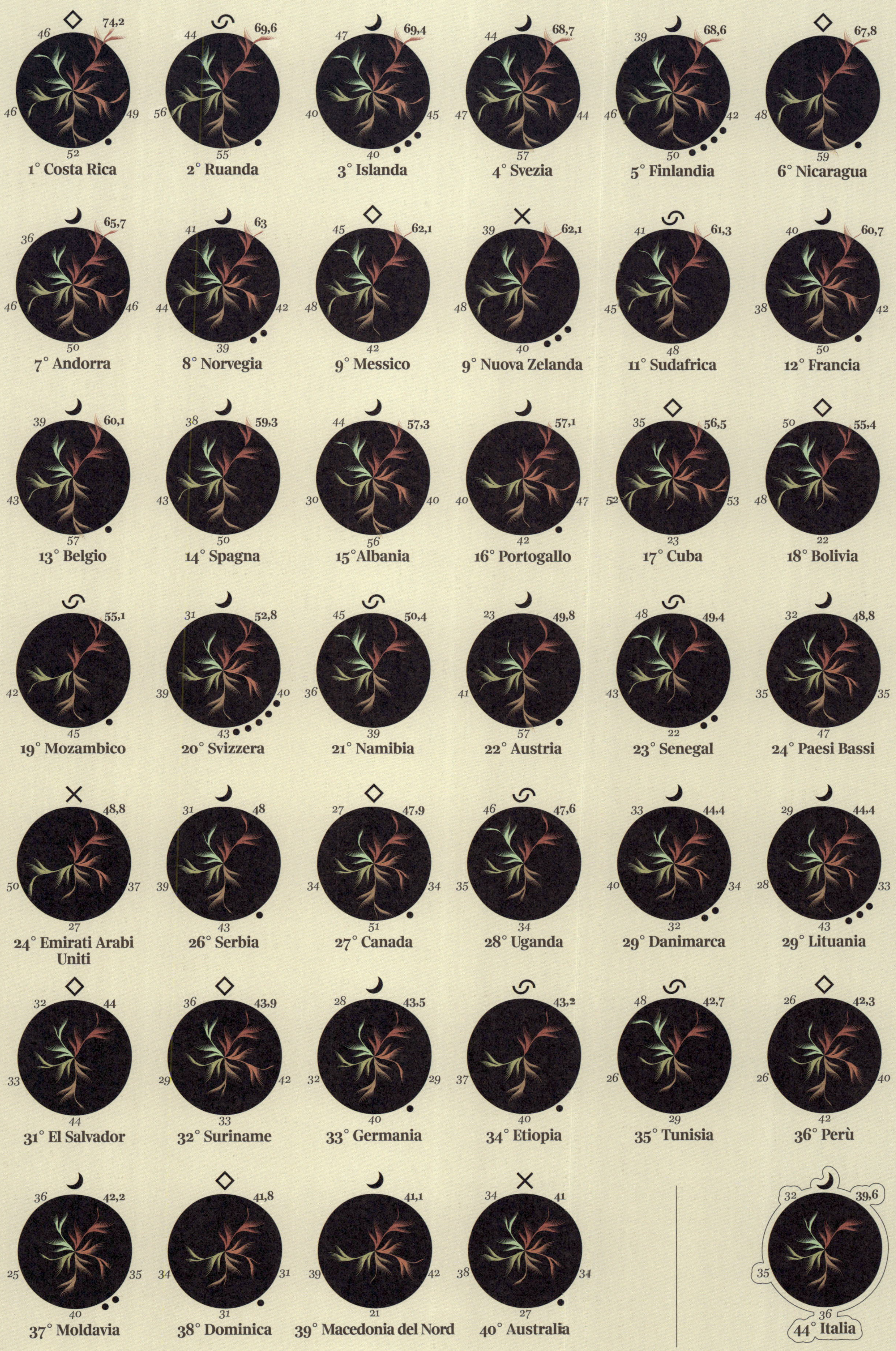

1° Costa Rica
46 74,2 46 49 52
2° Ruanda
44 69,6 56 55
3° Islanda
47 69,4 40 45 40
4° Svezia
44 68,7 47 44 57
5° Finlandia
39 68,6 46 42 50
6° Nicaragua
67,8 48 59
7° Andorra
36 65,7 46 46 50
8° Norvegia
41 63 44 42 39
9° Messico
45 62,1 48 42
9° Nuova Zelanda
39 62,1 48 40
11° Sudafrica
41 61,3 45 48
12° Francia
40 60,7 38 42 50
13° Belgio
39 60,1 43 57
14° Spagna
38 59,3 43 50
15° Albania
44 57,3 30 40 56
16° Portogallo
57,1 40 47 42
17° Cuba
35 56,5 52 53 23
18° Bolivia
50 55,4 48 22
19° Mozambico
55,1 42 45
20° Svizzera
31 52,8 39 40 43
21° Namibia
45 50,4 36 39
22° Austria
23 49,8 41 57
23° Senegal
48 49,4 43 22
24° Paesi Bassi
32 48,8 35 35 47
24° Emirati Arabi Uniti
48,8 50 37 27
26° Serbia
31 48 39 43
27° Canada
27 47,9 34 34 51
28° Uganda
46 47,6 35 34
29° Danimarca
33 44,4 40 34 32
29° Lituania
29 44,4 28 33 43
31° El Salvador
32 44 33 44
32° Suriname
36 43,9 29 42 33
33° Germania
28 43,5 32 29 40
34° Etiopia
43,2 37 40
35° Tunisia
48 42,7 26 29
36° Perù
26 42,3 26 40 42
37° Moldavia
36 42,2 25 35 40
38° Dominica
41,8 34 31 31
39° Macedonia del Nord
41,1 39 42 21
40° Australia
34 41 38 34 27
44° Italia
32 39,6 35 36

25 November is the International Day for the Elimination of Violence against Women

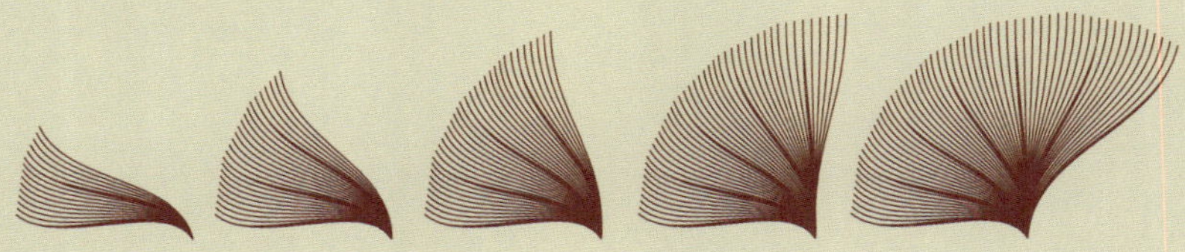

Number of red lines = the percentage of women who have experienced physical and/or sexual violence from an intimate partner at some time in their life

Source: oecd.org, 2019

29%
United Kingdom
29%
India
29%
Chad
28%
Ethiopia
28%
Sweden
28%
North Macedonia
27%
Norway
27%
Bhutan
26%
El Salvador
26%
France
26%
Côte d'Ivoire
25%
Kyrgyzstan
25%
Belarus
25%
Namibia
25%
Nepal
25%
Netherlands
25%
Albania
24%
Ghana
24%
Belgium
24%
Lithuania
24%
Romania
24%
Serbia
24%
Jordan
23%
Bulgaria
23%
Slovak Republic
23%
Nicaragua
22%
Iceland
22%
Togo
22%
Germany
22%
Luxembourg
22%
Mozambique
22%
Honduras
21%
Iraq
21%
Czech Republic
21%
Hungary
21%
Cambodia
21%
Haiti
21%
South Africa
20%
Dominican Republic
20%
Tajikistan
20%
Tunisia
20%
Gambia
20%
Estonia
20%
Jamaica
20%
Russia
19%
Greece
19%
Italy
19%
Portugal
18%
Indonesia
18%
Guatemala
18%
Paraguay
17%
Australia

Bibliografie

Jurgis Baltrušaitis
Das phantastische Mittelalter. Antike und exotische Elemente der Gotik (1955)
dt. von Peter Hahlbrock
Frankfurt am Main / Berlin / Wien 1985.

Leo Lionni
Parallele Botanik (1976)
dt. von Trude Fein, Köln 1978.

Wilfrid Blunt und Sandra Raphael
The Illustrated Herbal
London 1979.

Luigi Serafini
Codex Seraphinianus (1981)
München 1983.

Lore Kutschera und Erwin Lichtenegger
Wurzelatlas mitteleuropäischer Grünlandpflanzen, Bd. 1 *Monocotyledonae*, Stuttgart 1982.

Georges Perec
Denken / Ordnen (1985)
dt. von von Eugen Helmlé
Zürich / Berlin 2014.

Libereso Guglielmi und Ippolito Pizzetti
Libereso. Il giardiniere di Calvino
Padua 1993.

Italo Calvino
»Die Enzyklopädie eines Visionärs«, in: ders., *Gesammelter Sand, Essays*, dt. von Burkhart Kroeber
München / Wien 1995.

Ippolito Pizzetti
Fiori e Giardino, »Le Garzantine«
Mailand 1998.

Paolo Albani, Berlinghiero Buonarroti und Paolo della Bella,
Forse Queneau. Enciclopedia delle scienze anomale
Bologna 1999.

Giordana Mariani Canova und Maurizio Rippa Bonati
L'immagine delle piante negli erbari manoscritti dall'antichità all'età moderna, in *Vis Naturae. Le virtù delle piante*, a cura di E. Angiuli
Cittadella (PD) 2000.

Lore Kutschera und Erwin Lichtenegger
Wurzelatlas mitteleuropäischer Waldbäume und Sträucher
Graz 2002.

Gilles Clément
Manifest der dritten Landschaft (2004)
dt. von Anton Schulz, Berlin 2007.

Michel Guérard und Jean-Paul Plaintive
Petit Almanach des plantes improbables & merveilleuses
Paris 2005.

Gilles Clément
Une Breve Histoire du Jardin
Paris 2011.

Zora Del Buono
Das Leben der Mächtigen – Reisen zu alten Bäumen
Berlin 2015.

Emanuele Coccia
Die Wurzeln der Welt – Eine Philosophie der Pflanzen (2016)
dt. von Elsbeth Ranke
München 2018.

Luigi Gaspa und Giulio Giorello
Giardini del fantastico. Le meraviglie della botanica dal mito alla scienza in letteratura, cinema e fumetto,
Pisa 2017.

David George Haskell
Der Gesang der Bäume – Die verborgenen Netzwerke der Natur
München 2017.

Gianluca Galante und Federico Guerri
Orto invisibile
Bologna 2018.

Stefano Mancuso
Die unglaubliche Reise der Pflanzen (2018), dt. von Andreas Thomsen
Stuttgart 2020.

Sebastiano Vassalli
De l'infinito, universo e mondi. Manuale di esobiologia
Matelica (MC) 2018.

Constance Guisset
Alguier imaginaire
Paris 2019.

Hortus mirabilis. Storie di piante immaginarie
Rom 2021.

Ugo La Pietra
Erbario
Cassolnovo (PV) 2021.

Fotonachweis

© Ruth Asawa, by SIAE 2024
© Joan Fontcuberta, by SIAE 2024

© 2022. DeAgostini Picture Library/Scala, Florenz: S. 78-81
© 2022. Digital image, The Museum of Modern Art, New York/Scala, Florenz: S. 138-140, 142-143
© 2022. Digital image, The Metropolitan Museum of Art/Art Resource/Scala, Florenz: S. 161
© 2022. Mary Evans/Scala, Florenz: S. 94-95
© Adam G @messymod messymod.com: S. 60-63
© Alberto Baraya/Galería Nara Roesler, São Paulo, Rio de Janeiro, N.Y: S. 170-173
© Album/quintlox/Mondadori Portfolio: S. 16
© British Library Board. All Rights Reserved/Bridgeman Images: S. 12, 44-47, 83-87
© Bridgeman Images: S. 10, 28-29, 40-43, 48-49
© Brooklyn Museum of Art/Brooklyn Museum Libraries, Special Collections/Bridgeman Images: S. 126-129
© Caroline Rothwell: S. 194-197
© Constance Guisset, L'Alguier imaginaire, éditions Albin Michel: S. 152-155
Courtesy Archivio Gastone Novelli, Rom: S. 22
Courtesy Archivio Ugo La Pietra, Mailand: S. 68-71
Courtesy Cleveland Museum of Art, Cleveland: S. 136-137
Courtesy Harvard Library, Harvard: S. 32-33
Courtesy J. Paul Getty Museum, Los Angeles: S. 15, 119, 120, 130-133
Courtesy Leiden Universiteit, Leiden: S. 100-101
Courtesy New York Public Library, New York: S. 76-77, 92-93, 96-99, 102-105, 123-125, 134-135
Courtesy Rijksmuseum, Amsterdam: S. 110-113, 122
Courtesy Cooper Hewitt Smithsonian Design Museum, New York: S. 158-161
Courtesy The Metropolitan Museum of Art, New York: S. 118, 121
Courtesy Yale University Library, Beinecke Rare Book and Manuscript Library, New Haven: S. 36-39
Courtesy University of Oxford, Bodleian Libraries, Oxford: S. 88-91
Courtesy Wellcome Library, London: S. 30, 31 unten
© CSG CIC Glasgow Museums Collection/Bridgeman Images: S. 108
© Detroit Institute of Arts/Bridgeman Images: S. 109
© Elena Salmistraro: S. 72-73
© Elisa Montessori/foto Giorgio Benni/Courtesy Galleria Monitor, Rom: S. 166-169
© Federica Fragapane per *La Lettura - Corriere della Sera*: S. 202-203
© Federica Fragapane: S. 204-205
© Federico Guerri, Gianluca Galante, ***Orto invisibile***, Butes 2018/Foto Matteo Monti: S. 52-55
© Florilegius/Bridgeman Images: S. 31 oben
Foto © Christie's Images/Bridgeman Images: S. 106
Foto © Nicolò Orsi Battaglini/Bridgeman Images: S. 17
Foto © Photo Josse/Bridgeman Images: S. 11
© Gabriele Operti/© Moscabianca Edizioni: S. 64-67
© Ginko éditeur/Michel Guérard, Jean-Paul Plantive: S. 50-51
© Granger/Bridgeman Images: S. 9
© Gustav Fischer, Stuttgart 1982/Wageningen University & Research: S. 114
© herman de vries: S. 174-177
© Koralie: S. 56-59
© Leopold Stocker Verlag, Graz 2002/Wageningen University & Research: S. 115
© Lien Botha/Courtesy Barnard Gallery: S. 144-147
© Matilde Boelhouwer: S. 182-185
© Michela Lazzaroni per *La Lettura - Corriere della Sera*: S. 178-181
© mischer'traxler studio per Maison Perrier-Jouët: S. 198-201
© Natural History Museum, London/Bridgeman Images: S. 18, 21
© Patricia Urquiola: S. 190
© Patricia Urquiola/Foto Serena Eller: S. 191-193
© Prismatic Pictures/Bridgeman Images: S. 26-27
© Raku Inoue at Reikan Creations: S. 186-189
© Sally Gunnet: S. 148-151
© Sheffield Galleries and Museums Trust/Bridgeman Images: S. 107
© Twentieth Century Fox film/Landmark Media/Alamy Stock Photo: S. 24-25

Die Herausgeber danken sämtlichen Archiven sowie den Autorinnen und Autoren bzw. Künstlerinnen und Künstlern, die freundlicherweise Fotomaterial bereitgestellt haben; für Rückfragen bei möglicherweise nicht ermittelbarer Bildquellen stehen wir zur Verfügung.